L'OR A MINAS GERAES

(BRÉSIL)

PAR

M. PAUL FERRAND

Ancien élève de l'École Nationale Supérieure des mines de Paris,
Professeur de métallurgie et d'exploitation des mines
à l'École des mines d'Ouro Preto (Brésil),
Officier d'Académie

VOLUME II

1ᴱᴿ FASCICULE

ÉTUDE PUBLIÉE PAR LES SOINS DE LA

COMMISSION DE L'EXPOSITION PRÉPARATOIRE DE L'ÉTAT DE MINAS GERAES, A OURO PRETO

à l'occasion de

l'Exposition minière et métallurgique de Santiago (Chili)

EN 1894

OURO PRETO

IMPRENSA OFFICIAL DO ESTADO DE MINAS GERAES

1894

L'OR A MINAS GERAES

VOLUME I

ERRATUM

Page 23. ligne 25, lire :

Les roches de la troisième période, qui forment le niveau supérieur des terrains métamorphiques de la région, etc.

L'OR A MINAS GERAES

(BRÉSIL)

PAR

M. PAUL FERRAND

Ancien élève de l'École Nationale Supérieure des mines de Paris,
Professeur de métallurgie et d'exploitation des mines
à l'École des mines d'Ouro Preto (Brésil),
Officier d'Académie

VOLUME II
Ier FASCICULE

ÉTUDE PUBLIÉE PAR LES SOINS DE LA
COMMISSION DE L'EXPOSITION PRÉPARATOIRE DE L'ÉTAT DE
MINAS GERAES, A OURO PRETO

à l'occasion de

l'Exposition minière et métallurgique de Santiago (Chili)
EN 1894

OURO PRETO

IMPRENSA OFFICIAL DO ESTADO DE MINAS GERAES

1894

AVANT-PROPOS

D'accord avec ce que j'énonçais dans la préface du Volume I, j'ai commencé l'étude particulière des Compagnies de mines en exploitation, en donnant la préférence à celle de la MINE DE PASSAGEM, propriété de la OURO PRETO GOLD MINES OF BRAZIL, LIMITED, comme étant la mine actuellement la plus importante de l'Etat de Minas Geraes. Cette étude, déjà parue dans le GÉNIE CIVIL, forme le premier fascicule de ce second volume, qui comprendra en outre l'étude des autres mines de la même Compagnie dans un second fascicule.

Comme pour l'ouvrage précédent, cette publication est due aux soins de la Commission, nommée par M. Affonso Augusto Moreira Penna, Président de l'État de Minas Geraes, pour organiser l'Exposition préparatoire d'Ouro Preto, à l'occasion de l'Exposition minière et métallurgique de Santiago (Chili) en 1894.

Ouro Preto, 1ᵉʳ Septembre 1894.

Paul Ferrand

L'OR A MINAS GERAES

Fig. 8.— Vue générale de l'usine de traitement de Passagem (d'après une photographie).

LÉGENDE : A administration ; — B magasin ; — C laboratoire ; — D chloruration ; — E préparation des cartouches ; — F affleurements du gisement ; — G galeries abandonnées ; — H entrée des plans inclinés ; — I roues d'extraction et d'épuisement ; — J halle de criblage et de triage ; — K moulin de 24 pilons ; — L couloir des menus pour le moulin des 32 pilons ; — M moulin de 32 pilons ; — N atelier des pans ; — O atelier d'amalgamation ; — P salle de lavage à la batée ; — Q four de distillation du mercure ; — R couloir des gros ; — S concasseur ; — T moulin de 40 pilons ; — U turbine des 40 pilons ; — V plan aérien.

L'OR A MINAS GERAES

BRÉSIL

CHAPITRE VII

THE OURO PRETO GOLD MINES OF BRAZIL LIMITED

§ 12. — Mine de Passagem

Des quatre mines possédées par la Compagnie *The Ouro Preto Gold Mines of Brazil, Limited,* Passagem, Raposos, Espirito-Santo et Borges, la première est la plus importante : c'est la seule qui soit à l'heure actuelle en exploitation régulière et dont les travaux aient pris depuis peu un développement notable. Aussi est-ce par elle que nous commencerons l'étude de ces diverses mines.

I

SITUATION DE LA MINE ET APERÇU GÉOGRAPHIQUE

La mine de Passagem est située près du village du même nom, sur la route qui mène d'Ouro Preto à Marianna, à 7 kilomètres à l'E. de la première et à 3 kilomètres de la dernière (1). Elle se trouve au flanc d'un contrefort de la Serra d'Ouro Preto, dont la chaîne fait partie de la Serra de Espinhaço, le massif central de Minas ; cette chaîne, qui possède d'Ouro Preto à Passagem une orientation sensiblement O.-E., fait à cet endroit un léger coude pour se relever près de Marianna suivant une direction à peu près perpendiculaire, vers le N. Le contrefort de la Serra d'Ouro Preto vient se raccorder avec une ramification de la Serra d'Itacolumy, dont le pic élevé domine Ouro Preto. Entre ces deux Serras coule le *Rio do Carmo*, qui va d'Ouro Preto à Marianna, en suivant une direction parallèle à celle des deux chaînes qui l'encaissent jusqu'à Passagem, où il vient butter contre la ramification de l'Itacolumy, qui l'oblige à faire un coude brusque et le rejette contre le contrefort de la Serra d'Ouro Preto, à travers lequel il s'est créé un chemin, en y ouvrant un ravin profond aux parois presque verticales ; son cours devient torrentiel et ne reprend son calme que dans la plaine de Marianna (fig. 1).

La mine de Passagem comprend une propriété foncière, sol et sous-sol, et une concession pour l'exploitation du sous-sol seulement. La propriété foncière présente la forme d'une large bande de terrain de plus de 2 kilomètres de longueur sur environ 700 mètres de largeur, partant de la route d'Ouro Preto et longeant la rive droite du Rio do Carmo jusqu'à Marianna. La concession englobe cette propriété et s'étend jusqu'à la crête de la Serra d'Itacolumy ; elle occupe une surface totale d'environ 700 hectares.

---

(1) Voir la carte des principaux gisements aurifères aux environs d'Ouro Preto. *L'Or a Minas Geraes*, Vol. I.

Le canal qui fournit l'eau nécessaire aux moteurs a une longueur de 9 kilomètres ; il part d'un barrage établi sur le Rio do Carmo près du village de Taquaral, en suivant d'abord la rive gauche de la rivière et passe ensuite, au moyen d'un acqueduc en fer, sur la rive droite, qu'il suit alors constamment jusqu'à la mine. Le tronçon qui se trouve sur la rive gauche est situé dans une propriété, prise entre la rivière et la route d'Ouro Preto, que la Compagnie a acquise lors de l'exécution des travaux.

Le chemin de fer Central du Brésil, dont un embranchement arrive actuellement à Ouro Preto et doit être prolongé jusqu'à

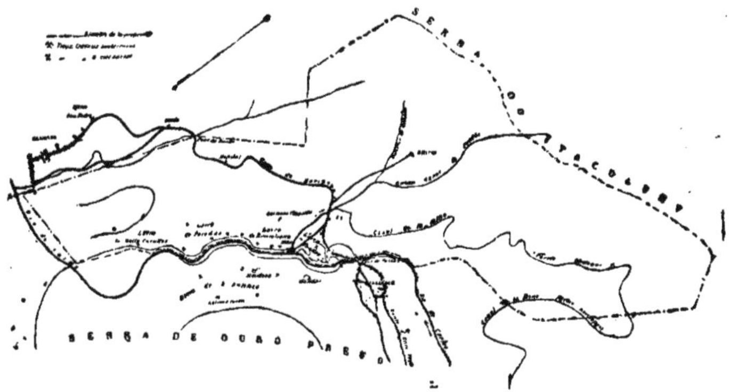

Fig. 1.— Situation de la mine de Passagem.

Itabira de Matto-Dentro, en passant par Passagem et Marianna, possèdera une station qui permettra de desservir directement la mine et évitera les transports par char ou par mulets d'Ouro Preto à Passagem. La ligne ferrée, dont le tracé est déterminé pour le tronçon qui va d'Ouro Preto à Marianna, reste presque constamment accotée au flanc de la Serra d'Ouro Preto, traverse la route près de Passagem et passe en face de la mine sur la rive gauche de la rivière à un niveau supérieur à celui des bureaux.

II

APERÇU GÉOLOGIQUE

COMPOSITION DU GITE.— Le gisement de Passagem est formé d'un filon de quartz et pyrites aurifères, qui se compose essentiellement de quartz blanc laiteux, de tourmaline et de pyrite arsénicale, avec moindres quantités de pyrite ordinaire de fer et de pyrite magnétique.

Ce filon appartient à la catégorie des filons-couches : il a en effet l'apparence d'une couche interstratifiée dans des quartzites schisteuses, elles-mêmes intercalées au milieu de terrains schisteux.

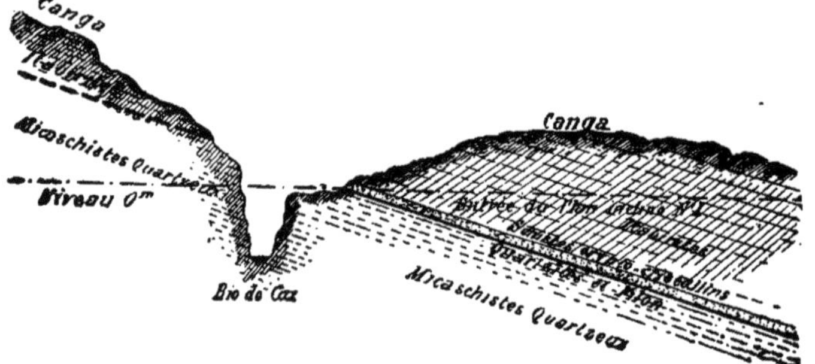

Fig. 2.— Coupe suivant l'inclinaison du gîte.

Situé au flanc d'une montagne, au pied de laquelle coule la rivière du Carmo, qui s'est creusé un lit profond entre deux parois verticales, le filon montre ses affleurements à près de 55 mètres au-dessus du niveau de l'eau sur la rive droite, à l'endroit où se fait actuellement l'exploitation. Sa direction est sensiblement N.-E. et il plonge avec une inclinaison de 18° à 20° vers le S.-E. (fig. 2).

L'ordre de succession des terrains qui l'encaissent est le suivant : à la base, dans les parties les plus profondes, reconnues jusqu'à ce jour, sont les micaschistes quartzeux, au-dessus les quartzites schisteuses avec le filon, puis les schistes cryptocristallins, et enfin à la partie supérieure les sidéroschistes, ou *itabirites*, et les schistes argileux rouges recouverts à la surface d'une croûte de *canga* plus ou moins dure.

Micaschistes quartzeux. — Ces micaschistes se présentent sous deux aspects : micaschiste à mica noir, brun tombac ou vert foncé, occupant les parties supérieures, micaschiste à mica vert, plus clair, quelquefois blanc soyeux, alternant avec le premier, mais augmentant d'importance en profondeur. Ce dernier semble se rapprocher des quartzites schisteuses, mais il en diffère par l'abondance du mica.

Entre les couches de micaschistes se rencontrent fréquemment des veines de quartz cristallin ou laiteux, dont certains renflements atteignent près d'un mètre d'épaisseur, et aussi des infiltrations calcaires. Dans les géodes formées par ces renflements, on constate la présence de cristallisations variées : le disthène bleu, généralement noyé dans la masse du quartz laiteux, le quartz en cristaux, le mica vert de couleur claire ou émeraude en tables hexagonales, le mica noir ou vert foncé en petites paillettes hexagonales, la tourmaline rouge en fines aiguilles, la calcite en rhomboèdres, la dolomie en crêtes de coq, la sidérose à l'état de spath blond, quelques cristaux de pyrite. Dans le voisinage des affleurements, on trouve dans ces géodes quelques enduits calcaires en forme de rognons recouvrant les cristallisations, et parfois les cristaux de fer spathique présentent des signes avancés de décomposition : de blond vitreux, ils sont devenus bruns, opaques, passant à l'état d'hématite brune, tout en conservant leur cristallisation, et la roche se recouvre d'une couche ocreuse ; certains de ces cristaux spathiques se trouvent réduits à leur enveloppe extérieure, formée de lames minces, et sont creux intérieurement.

Quartzites schisteuses et filon. — Les quartzites sont d'un blanc verdâtre, en couches stratifiées assez régulières. Leur mica, parallèle à la stratification, est d'un blanc soyeux ou vert clair, d'un éclat nacré ; il est très onctueux au toucher, ce qui le fait souvent prendre pour du talc ; c'est une variété de séricite.

Ces quartzites se trouvent intimement mélangées avec le filon, le plus souvent interstratifiés en couches parallèles d'épaisseur variable ou se pénétrant mutuellement sous la forme d'un coin ; il arrive aussi qu'en certains points la masse filonnienne occupe toute l'épaisseur du gîte, en d'autres, au contraire, elle disparaît complètement, et alors toute la couche est formée de quartzites (figs. 3 et 4).

Ces mêmes quartzites sont visibles en différents points le long de la Serra, depuis Ouro Preto jusqu'à Antonio Pereira, en passant par Passagem et par le Morro de Santa Anna. A Ouro Preto leurs affleurements sont considérables ; on y a ouvert plusieurs carrières pour en extraire des dalles (*pedras de lages*), à cause de leur facilité à se détacher en longs feuillets, et leurs découverts ont permis de constater la présence de nombreux filons de quartz, normaux à la stratification et ne présentant aucun des caractères de celui de Passagem. D'Ouro Preto à Passagem, les quartzites reparaissent en divers endroits, soit au voisinage de la route, soit dans le lit du Rio do Carmo. On a toute raison de supposer que ces différentes couches n'en forment réellement qu'une ; il y a en effet grande concordance dans leur direction et leur pendage : d'Ouro Preto à Passagem, la direction varie de N. 70° à 60° E., à la mine elle est de N. 45° E. et au Morro de Santa-Anna de N. 30° E., la courbure que fait la Serra au voisinage de Marianna justifie cette faible modification dans la direction ; le pendage dirigé approximativement vers le S. E. est de 20° à 25° près d'Ouro Preto, de 18° à 20° à Passagem et de 15°,5 au Morro de Santa-Anna (1).

Le filon se compose de quartz laiteux, recoupé par de nombreuses et épaisses veines de mispickel en cristaux noyés dans la masse, accompagnées souvent de tourmaline en aiguilles noires et aussi, mais en moindre quantité, de pyrite de fer présentant des cristallisations variées et de pyrite magnétique.

Ce sont le mispickel et la tourmaline qui abondent le plus : le mispickel se rencontre en masses compactes formées de petits cristaux blanc d'argent agglomérés ensemble, dont la texture grenue et le vif éclat rappellent l'aspect de l'acier,

---

(1) ADOLPH MEZGER. Rapport sur les mines de Passagem, Raposos et Espirito-Santo. *Paris, Chaix. 1885.*

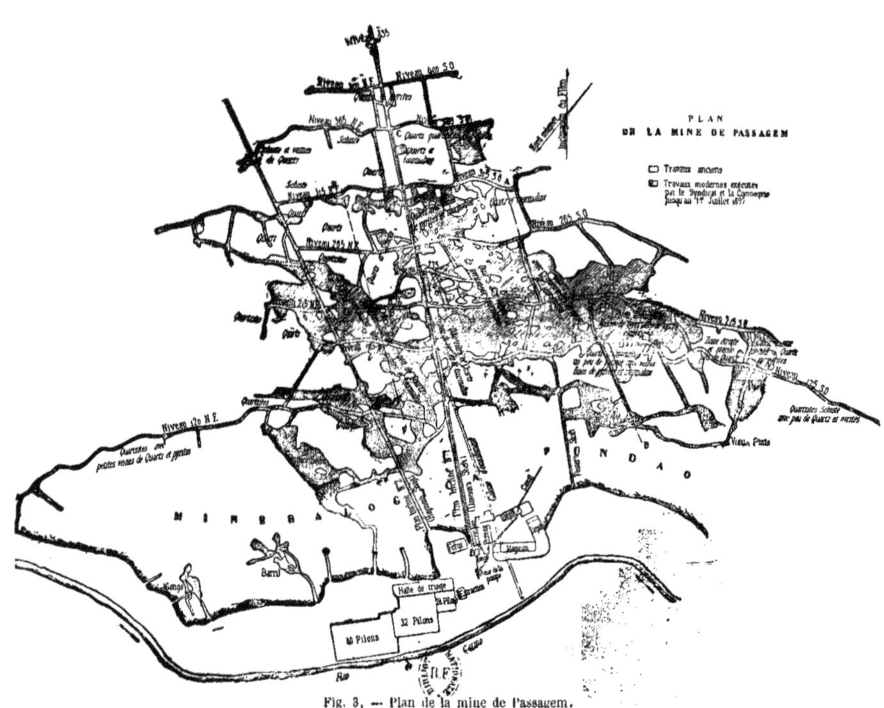

Fig. 3. — Plan de la mine de Passagem.

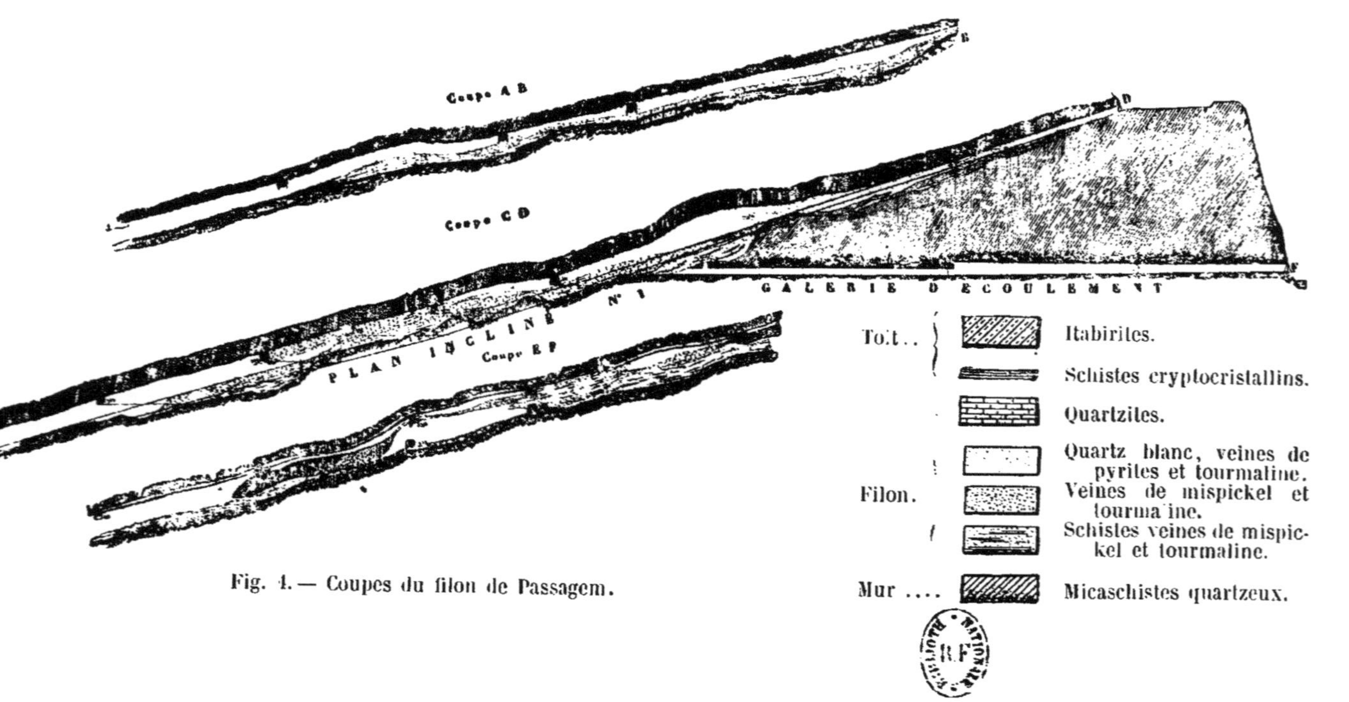

Fig. 1. — Coupes du filon de Passagem.

mais ils sont très friables ; les tourmalines se présentent sous
la forme de petites aiguilles noires très fines, réunies en masses
à texture serrée, assez friables, le plus souvent mouchetées de
cristaux isolés de mispickel. Les pyrites de fer se présentent en
cristaux cubiques, quelquefois en masse, groupés ensemble, mais
bien plutôt à l'état isolé, confondus avec le mispickel. Cependant
dans une certaine partie du filon, bien limitée, on a découvert
la pyrite sous un aspect tout à fait spécial : elle apparaît en
masse cloisonnée, dont les cellules sont formées de cristaux fins
d'une couleur jaune clair, rappelant celle de l'or vert ; exposée
à l'air, elle se couvre d'efflorescences de fils blancs soyeux et
aussi de cristallisations blanches et vertes de sulfate de fer, ce
qui fait supposer que l'on se trouve en présence de petits
cristaux de marcassite. Ces cloisons sont parfois remplies
d'hématite compacte rouge ou brune un peu argileuse, puis
elles disparaissent, substituées par une masse dure d'hématite.
La pyrite magnétique se trouve en petites masses compactes,
jaune bronze, généralement associées avec la pyrite cloisonnée.
La pyrite de cuivre très rare accompagne en faible proportion
les cristaux de pyrite ordinaire.

Comme on le voit, la composition du gîte n'est pas uniforme.
Il convient du reste d'ajouter qu'on y constate la présence de
minéraux autres que ceux déjà cités : ce sont la calcite, dolomie,
sidérose, galène, stibine, disthène, grenat, micas vert et noir.
La plupart d'entre eux existent au voisinage des salbandes,
ce qui tend à leur assigner une origine commune avec ceux
des roches encaissantes ; c'est ainsi que l'on découvre des
cristallisations de calcite, dolomie, sidérose, disthène et mica
vert, près du mur ; des grenats unis aux pyrites cubiques, près
du toit ; des micas noirs aux deux épontes. Cependant des veines
de calcaire se sont infiltrées irrégulièrement dans la masse
filonnienne ; mais, tandis que la calcite se rencontre dans les
micaschistes sous la forme de cristaux rhomboédriques, on trouve
dans les géodes du filon de magnifiques cristaux incolores de
scalénoèdres et aussi des prismes hexagonaux ; ces derniers
présentent souvent la particularité que lorsqu'on cherche à les
détacher, ils se rompent à la racine suivant leurs clivages, en
laissant à la partie centrale un noyau cristallin, qui n'est autre
qu'un scalénoèdre reproduit en creux dans le cristal de prisme
hexagonal.

Au mur, le filon est au contact des micaschistes, dont il est parfois séparé par une salbande formée d'un schiste noir, graphiteux, qui pénètre souvent dans la masse même du filon ; on constate du reste en plusieurs endroits la pénétration des micaschistes dans le gîte, au point de former un faux mur atteignant jusqu'à un mètre d'épaisseur, sous lequel on retrouve la masse filonnienne. C'est ordinairement près du mur que se trouvent concentrées de préférence les veines riches composées de pyrite arsénicale et tourmaline avec un peu de quartz.

Au toit, on trouve aussi une salbande formée de schiste graphiteux, mais plus rare ; elle est souvent remplacée par une couche de cristaux de grenats, pyrites de fer, et un peu de pyrite de cuivre et mica noir, de faible épaisseur, au contact des schistes cryptocristallins. Jusqu'ici, on n'a jamais constaté la pénétration du toit par des infiltrations du filon ; on a donc une forte propension de supposer que le gîte, postérieur aux quartzites, serait antérieur à la masse des terrains de recouvrements.

Schistes cryptocristallins. — Ces schistes, qui occupent le toit du filon, semblent composés de quartz, mica noir et pyrites de fer disséminées en grains fins dans la masse. Peut-être le grenat entre-t-il dans la composition de ces schistes, à en juger par les cristallisations de la salbande du toit, dont les éléments ont dû être fournis par eux, car ils sont pauvres en or. Cette couche de schistes a ordinairement une faible épaisseur et parfois disparait ; les itabirites reposent alors directement sur le gîte.

Itabirites. — Au-dessus des schistes apparaissent les itabirites, mélange schisteux de quartz à grains fins et de fer oligiste en petites paillettes à l'éclat d'acier ; dans les parties hautes voisines de la surface, ces itabirites sont substituées par des schistes argileux rouges ou par une croûte dure de canga, conglomérat de couleur brique à texture spongieuse, composé de rognons de quartz ou d'itabirites liés par un ciment argilo ferrugineux.

Ces couches existent en très grande abondance dans la contrée : sur tout le chemin d'Ouro Preto à Passagem et au delà jusqu'à Antonio Pereira, les terrains supérieurs de la Serra d'Ouro Preto sont presque totalement formés d'itabirites et de schistes argileux,qui se présentent en affleurements considérables. Elles recouvrent le gîte de Passagem sur une hauteur de plus de 50 mètres au-dessus du niveau de l'entrée de la mine et apparaissent aussi de l'autre côté de la rivière, sous une épaisseur moindre,avec leur couche de canga, dont la couleur caractéristique est visible en de nombreux points de la surface.

Les itabirites renferment un grand nombre de beaux cristaux octaédriques de magnétite; on constate aussi parfois entre les feuillets la présence d'imprégnations calcaires.

ALLURE ET IMPORTANCE DU GITE. — L'allure du gîte est as-ez régulière ; son inclinaison est presque constante, sa direction varie peu et obéit à la légère courbure que présentent les couches de terrains. Sa composition et sa puissance, au contraire, sont très variables et le font assimiler anx *filons disséminés* à structure en chapelet ; il est, en effet, formé d'une série de lignes, tantôt riches, tantôt pauvres, et présente une suite d'étranglements et de renflements tels qu'en certains points l'épaisseur du filon atteint au plus 2 mètres et en d'autres va jusqu'à près de 15 mètres. Malheureusement, ces renflements sont remplis en grande partie de quartzites ou de quartz laiteux pauvre.

Les parties les plus riches sont celles où le mispickel et les tourmalines se présentent en masses compactes à grains serrés, surtout quand les cristaux de mispickel sont très fins et ont une couleur blanc d'argent remarquable ; elles peuvent contenir 150 à 200 grammes d'or à la tonne, mais la teneur baisse sensiblement dès qu'elles se trouvent mélangées de quartz. C'est seulement dans ces parties du filon qu'on a l'occasion de trouver de petites mouches d'or visibles sur le mispickel ou sur la tourmaline.

Au contraire, les masses de quartz laiteux sont pauvres : elles tiennent de 2 à 3 grammes d'or par tonne. Elles deviennent déjà plus riches, quand elles présentent de petites fractures remplies d'imprégnations pyriteuses (pyrite de fer, mispickel) ou de tourmaline ; aussi reconnait-on à première vue que le quartz laiteux est plus riche, quand la masse blanche est recoupée d'une plus grande quantité de petites lignes noires dues à ces imprégnations. Lorsque le quartz présente ainsi des cassures remplies de matières métalliques, la teneur s'élève facilement à 10 et 15 grammes à la tonne.

Les pyrites cloisonnées, en partie décomposées, unies le plus souvent aux tourmalines, sembleraient devoir être, pour ce motif, de teneur assez élevée ; elles ne contiennent que de 20 à 30 grammes d'or à la tonne, seulement leur état de décomposition en rend le traitement plus facile.

Avec l'or, on trouve dans ce filon du bismuth et très peu d'argent.

Les quartzites ne contiennent pas d'or.

L'importance du gîte peut être facilement reconnue, non seulement par le développement des travaux souterrains exécutés à la mine de Passagem, mais aussi par les affleurements et par les nombreux vestiges des anciens travaux.

A l'intérieur, les derniers travaux ont permis de reconnaître le filon sur une longueur de près de 700 mètres en direction et de 450 mètres en profondeur suivant l'inclinaison.

A l'extérieur, les affleurements ont été relevés sur la rive droite tout le long de la rivière du Carmo, depuis le pont de Passagem jusqu'à Marianna où ils disparaissent sous une couche d'alluvions qui forme le lit du rio, pour reparaître de l'autre côté, au flanc escarpé d'un contrefort de la Serra d'Ouro Preto, appelé le Morro de Santa-Anna. On a vu, au chapitre précédent, qu'un gisement de quartz et pyrites aurifères a été exploité, de 1862 à 1865, par la *Don Pedro North del Rey Gold Mining Company, Limited,* sur le versant S.-E. du Morro de Santa-Anna. Ce gisement possède une allure qui offre de grandes concordances avec celui de Passagem : tandis qu'à Passagem, la direction est N. 45° E. et le pendage vers le S.-E. de 18° à 20° ; la direction se relève un peu vers le N. au Morro de Santa-Anna, elle devient N. 30° E. et le pendage, peu différent de la pente de la montagne est de 15°,5 vers le S.-E. ; ces faibles modifications d'allures sont du reste amplement justifiées par la légère courbe que décrit la Serra au voisinage de Marianna. En outre, ce gisement semble correspondre aux affleurements qui s'aperçoivent sur le flanc escarpé du Morro ; il est recouvert sur toute cette étendue, d'une couche de plusieurs mètres d'itabirites avec une croûte de canga à la surface ; de plus, on y retrouve les principaux éléments du minerai de Passagem ; il se compose en effet de quartz blanc, contenant l'or dans les pyrites arsénicales, la tourmaline et la pyrite magnétique. Pour ces motifs, on a tout lieu de croire que les mines de Passagem et de Morro de Santa Anna appartiennent au même filon. Cette hypothèse se trouve du reste justifiée par le fait que, le long des affleurements entre les deux mines, il existe nombre de galeries et de travaux souterrains faits par les anciens mineurs brésiliens, principalement à Paredão et à Matta–Cavallos, que certainement ils n'auraient point exécutés si le minerai extrait avait été très pauvre, puisqu'ils ne pouvaient retirer l'or des roches que par des procédés très rudimentaires.

Dans ces conditions, le gisement présenterait une étendue en direction d'au moins quatre kilomètres, de Passagem au Morro de Santa Anna.

Sur la rive opposée à la mine, au Morro de S. Antonio, les nombreux travaux à ciel ouvert exécutés par les anciens mineurs brésiliens signalent la présence du filon de ce côté. On voit du reste encore plusieurs affleurements d'un filon de quartz aux parois de quelques-unes des grandes excavations dont le terrain est criblé ; ce filon, par son pendage, semble bien être le prolongement de celui qu'on exploite, d'autant plus que, près du pont de Passagem, la rivière présente une chute sous laquelle passent visiblement ses affleurements qui viennent se raccorder avec ceux de Fundão ; ce qui montre d'une manière probante que la fendue de la rivière n'est pas le résultat d'une faille, mais a été produite par les érosions, et que les gisements de part et d'autre du rio appartiennent au même filon, en place. C'était aussi l'opinion du baron d'Eschwège, comme on peut le constater, par la coupe (fig. 2, page 11) du gisement de Passagem qu'il a dessinée (1).

Les travaux faits au flanc de la montagne ont dû être très importants, à en juger par l'aspect complètement bouleversé du terrain. Ils s'étendent le long de la rivière, depuis la chute d'eau, sur une longueur de plus d'un kilomètre, et on en relève constamment les traces sur une étendue de 600 mètres

---

(1) Von Eschwege. Beiträge zur Gebirgskunde Brasiliens. *Berlin*, *1832*.

environ en remontant la pente. Au sommet, la montagne a
été en partie ravinée par les eaux et sa paroi verticale, mise
à vif, forme un immense cirque qui s'étend à gauche vers
Taquaral, à droite vers le Morro de Santa-Anna ; on y constate
en de nombreux endroits la présence d'affleurements de
quartz ou quartzites qui, par leur position, ont toutes les
apparences d'appartenir au même gisement. Pour constater
l'exactitude de cette dernière assertion, il serait nécessaire de
faire divers travaux de recherches. En tout cas, les nombreuses
excavations superficielles faites par les anciens mineurs au Morro
de Santo Antonio, sont une preuve évidente que le gîte en cet
endroit existait bien et était rémunérateur ; les quantités de
maisons en ruines que l'on rencontre à tout instant témoignent
du nombre de personnes qui étaient employées aux travaux,
nombre justifié par le mode d'exploitation suivi. Comme le gîte
était recouvert d'une faible épaisseur d'itabirites et de canga,
ils trouvaient plus commode de le mettre à découvert, afin de
pouvoir arracher plus facilement la roche dure, tandis que sur
l'autre rive, l'épaisseur du recouvrement était telle qu'il leur fut
impossible d'employer la même méthode et qu'ils se trouvèrent
obligés d'avoir recours aux travaux souterrains. Cependant,
dans ces exploitations du Morro de Santo Antonio, il y a une
particularité à noter : outre les petits canaux latéraux qui
sillonnent le flanc de la montagne pour amener l'eau nécessaire
aux lavages, on constate la présence de nombreux mondéos
très bien conservés, ce qui nous fait supposer que ces mineurs
traitaient aussi les itabirites qui devaient contenir en ce cas
des infiltrations de quartz aurifère ; cela expliquerait d'une
manière plus rationnelle leur système d'exploitation à ciel
ouvert. Cette venue de quartz serait donc postérieure aux
itabirites et par conséquent au filon qui a injecté les quartzites.

Sur l'autre rive, à Fundão, on a pratiqué des travaux
souterrains, mais il existe entre eux et la rivière une immense
excavation à ciel ouvert, qui a mis à découvert les micaschistes
du mur du filon ; la seule explication plausible de cette anomalie
serait que ces travaux superficiels ont été exécutés en vue de
laver cette couche du recouvrement, et, ce qui semble la
confirmer, c'est l'existence d'une profonde tranchée aux parois
verticales, d'à peine deux mètres de largeur, qui devait faciliter,

après la concentration des sables, l'écoulement des eaux de lavage vers la rivière. On aurait ensuite abandonné ce système pour exécuter des travaux souterrains, lorsque la couche terreuse serait devenue trop pauvre. A Paredão, on trouve sur la montagne, directement au-dessus du gîte, les vestiges très bien conservés des tables de lavage faites en terre rouge durcie. Ces tables servaient pour traiter les schistes argileux rouges du voisinage, qui renferment en cet endroit des veines de quartz carié, ainsi qu'il nous a été donné de le constater.

Enfin, une preuve certaine de l'existence de l'or dans les terrains de recouvrements, c'est que dans les dernières années de l'exploitation du gîte par la Compagnie anglaise qui a précédé la Compagnie actuelle, le directeur faisait passer uniquement à l'un des ateliers le bocards des itabirites prises au toit du filon et en retirait en moyenne 1gr8 d'or par tonne.

En somme, le gisement de quartz et pyrites aurifères de Passagem semble présenter une grande extension, tant en direction qu'en inclinaison. Jusqu'à ce jour, les travaux de mine n'ont apporté aucun élément qui fasse prévoir une modification radicale en profondeur dans l'allure et la composition du gîte. Suivant la direction, il n'est possible de juger de l'étendue en état d'être exploitée, qu'en s'éclairant par divers travaux de recherches. Nous avons bien constaté, près d'Ouro Preto, à la mine de Saragoça, la présence d'un filon de quartz et de pyrites arsénicales qui recoupe normalement les pyrites schisteuses, mais c'est tout au plus si l'on peut lui assigner une origine contemporaine du filon de Passagem : le vieux mineur, qui le travaille, recherche bien les parties pyriteuses, le quartz pur étant trop pauvre et ne payant pas les frais de broyage et de lavage, c'est le seul point de ressemblance avec le filon qui nous occupe : son allure est toute différente ; le mispickel a un faciès autre, terne au lieu d'être brillant ; les autres minéraux ne s'y rencontrent pas et en revanche, on y trouve de petites géodes de scorodite. Au delà du Morro de Santa-Anna, près de Taquara Queimada, dans une petite excavation faite au flanc de la Serra et ayant mis à découvert une couche de quartzites, on aurait constaté la présence de veines de quartz avec pyrites; nous nous contentons de signaler cette observation, qu'il ne nous a pas été donné de contrôler.

III

HISTORIQUE DE L'EXPLOITATION

La propriété minière de Passagem embrasse les quatre mines ou *lavras de Fundão, Mineralogica, Paredão et Matta-Cavallos*, qui firent au siècle dernier l'objet de concessions accordées à divers mineurs du pays et acquises ensuite par une même Compagnie, la *Anglo-Brazilian Gold Mining Company, Limited*.

La *lavra de Mineralogica* comprenait 49 *datas* (5 hectares 34) provenant de la réunion de plusieurs concessions, accordées de 1729 à 1756 à différents mineurs et qui, après être passées entre les mains de divers propriétaires, avaient été rachetées par une seule et même personne. A sa mort, les biens de cette dernière furent vendus aux enchères et la mine, avec divers accessoires et les vingt esclaves qui y étaient attachés, fut adjugée au baron d'Eschwège, le 12 mars 1819. Jusque là le gisement avait été uniquement égratigné en plusieurs points aux affleurements par les mineurs ; à partir de ce moment une exploitation plus régulière fut suivie. D'Eschwège forma la première Compagnie existante dans le pays sous le nom de *Sociedade Mineralogica da Passagem* et établit un moulin de 9 bocards ; malheureusement, après plusieurs années de prospérité, la Société périclita et les travaux furent interrompus. La propriété fut vendue le 1er juin 1859, par le liquidateur, à un mineur anglais Thomas Bawden, qui avait travaillé quelque temps à Fundão, la mine voisine, et celui-ci la revendit quatre ans plus tard, le 26 novembre 1863, à Thomas Treloar, représentant de la nouvelle Compagnie en formation, la *Anglo-Brazilian Gold Mining Company, Limited*.

La *lavra de Fundão*, composée de 76 datas (8,28 hectares) et ayant pour limites d'un côté la route d'Ouro Preto et de l'autre la mine de Mineralogica, était formée de plusieurs concessions délivrées de 1735 à 1778 à différents mineurs ; après avoir appartenu successivement à plusieurs propriétaires, elles finirent par être groupées entre les mains d'un seul, qui vendit le tout au Commandeur Francisco de Paula Santos, le 17 février 1835. Celui-ci, à l'exemple du voisin, forma une association sous le nom de *Sociedade União Mineira*. Les associés firent d'abord exécuter de nombreux travaux à la surface, ouvrant cette immense excavation, encore visible de nos jours ; puis ce système ayant été peu rémunérateur, ils se décidèrent à creuser quelques chambres souterraines, sans plus de succès. C'est alors qu'ils résolurent la vente et acceptèrent l'offre de Thomas Bawden et d'Antonio Buzelin qui acquirent la mine, le 12 avril 1850, et la revendirent plus tard à la *Anglo-Brazilian Gold Mining Company, Limited*, en même temps que la précédente.

La *lavra de Paredão*, d'une superficie de 12 datas (1,2 hect.), faisant suite à Mineralogica, fut l'objet de concessions accordées en 1758 à un nommé Antonio Mendes da Fonseca ; après avoir appartenu à différentes personnes, elle passait en 1843 aux mains de la famille Martins Coelho, qui la vendit à la *Anglo-Brazilian Gold Mining Company Limited*, par l'intermédiaire de Thomas Bawden, lors de la vente des deux autres.

La Compagnie anglaise entra en possession des trois lavras le 26 novembre 1863, et ce ne fut que plus tard, le 30 septembre 1865, qu'elle acquit la *lavra de Matta-Cavallos*, d'une surface de moins de deux datas (0,2 hectare), qui s'étendait de Paredão à l'entrée de la ville de Marianna. Les travaux de mine furent entrepris dès le commencement de l'année 1864 et on put effectuer aussitôt le broyage du minerai extrait en tirant le meilleur parti possible de trois ateliers de bocards (*engenhos de pilões*) existant sur les lieux. L'un d'eux, à peu près en état, fut mis immédiatement en marche : c'était celui désigné sous le nom de *Fernandes stamps*, de six flèches en bois avec sabots de fer, établi sur le terrain de Mineralogica, à l'endroit qu'occupe actuellement l'atelier de 24 pilons. L'un des deux autres *Bawden stamps*, moulin de 9 flèches existant à Fundão, mais en partie pourri, fut presque complètement remplacé par un atelier de 12 bocards acheté à Taquaral, qui reçut le nom de *Hesketh's stamps* ; quant au troisième, il était hors d'usage. Par la suite, un nouvel atelier, *Victoria stamps*, de 30 flèches, fut construit sur l'emplacement de l'atelier actuel des 32 bocards et celui de *Fernandes stamps* fut remplacé par un autre, *Wildes stamps*, ayant 12 pilons à gauche et 2 arrastras à droite. L'usine de préparation mécanique se composait donc finalement de trois ateliers comprenant cinquante-quatre pilons et deux arrastras.

Les travaux exécutés par les premiers exploitants avaient d'abord été superficiels, principalement à Fundão; puis l'abondance des déblais à enlever pour continuer d'après ce système les obligèrent à recourir à une méthode souterraine. C'est la suite de ces derniers travaux, qui fut reprise par la Compagnie anglaise, dont les opérations ont duré de janvier 1864 à février 1873, au total neuf ans pleins.

Le *Tableau I* (pages 26 et 27), donne le résumé de ces opérations (1).

On voit par ce tableau que les résultats financiers se traduisaient chaque année par des pertes, de sorte que, lorsque le capital fut épuisé, force fut de suspendre les travaux et de liquider. L'exploitation avait été concentrée à Mineralogica et à Fundão, où l'on accédait par les descenderies de Haymen (actuellement Plan incliné n. 2) et de Dawson (actuellement Plan incliné n. 1) pour la première, et par celle de Foster et le vieux puits pour la seconde. Dans les dernières années, les travaux, à Mineralogica, auraient été gênés par les eaux, malgré la galerie d'écoulement qu'on avait ouverte à quelques mètres au-dessus du lit du rio et qui sert encore aujourd'hui pour l'évacuation des eaux de la mine ; on y serait tombé en outre sur une partie stérile du filon, ce qui aurait décidé la direction à concentrer toute l'exploitation à Fundão, dont le minerai composé principalement de quartz était de faible rendement. La direction de l'époque avait aussi imaginé de faire passer à l'un des moulins des itabirites peu aurifères du toit prises à Mineralogica, sous prétexte que, quoiqu'on en retirât moins de 2 grammes d'or par tonne, on pouvait en traiter une plus grande quantité à la fois et augmenter ainsi la production ; c'est ce qui explique l'abaissement du rendement du minerai pendant les trois dernières années. La Compagnie, aux abois, essaya, pour se relever, de mettre en valeur, à partir de 1871, la mine de jacutinga aurifère de Pitangui, mais les divers travaux préparatoires exécutés achevèrent d'absorber ses dernières ressources. Le capital versé se trouvant complètement épuisé au 30 janvier 1873, la liquidation fut décidée.

---

(1) Ce tableau a été résumé d'après divers documents qui nous ont été obligeamment fournis par le capitaine de mine Martin, anciennement attaché à cette compagnie.

La mine de Passagem fut achetée, en 1875, par le liquidateur de la Compagnie, qui la vendit à son tour, le 24 mars 1883, à M. Robey Partridge, représentant d'un Syndicat français, qui s'était formé en 1880 dans le but de rechercher des mines d'or susceptibles d'être mises en valeur par une compagnie.

Entre temps, un ingénieur français, M. Ch. Monchot, avait été envoyé par le Syndicat à Passagem, en 1881, afin de se rendre compte de la valeur probable de la mine et de la préparer en vue d'une nouvelle exploitation (1). Comme, à cette époque, il y avait plus de sept ans que la Compagnie anglaise avait cessé tous travaux, l'accès de la mine était devenu impossible par suite des éboulements ; les descenderies étaient en partie comblées, la galerie d'écoulement pleine de sables et les travaux, inférieurs à son niveau, complètement inondés. Quant à l'usine, une partie du matériel avait été disséminée un peu de tous côtés, le reste était presque en ruines. M. Monchot commença par prendre ses dispositions en vue de l'épuisement de la mine, de l'extraction future du minerai et de la mise en état d'une partie de l'usine de traitement. Il fit déblayer le petit canal de 3 à 4 kilomètres, qui servait précédemment à amener l'eau de l'Itacolumy pour les travaux, et déboucher la galerie d'écoulement pour assécher la mine jusqu'à son niveau ; pendant ce temps, on construisait une roue hydraulique de 9 mètres de diamètre, commandant d'un côté une pompe d'épuisement et de l'autre un tambour d'extraction. Comme les travaux au voisinage de *Dawson's shaft* étaient les plus importants, il fit remettre en état cette descenderie et y installa la pompe et la voie ferrée pour l'extraction. Ensuite il fit remettre en état la roue motrice de *Wildes stamps* et, avec les matériaux restants de l'usine, il parvint à reconstituer une batterie de 12 bocards, qui commença à fonctionner en juin 1881 et servit pour les essais sur le minerai ; malheureusement son mauvais état ne lui permit pas de fournir une longue carrière et, peu avant le départ de M. Monchot, une nouvelle batterie de 12 pilons, destinée à remplacer la première, fut mise en chantier ; elle commença à fonctionner en juillet 1882.

---

(1) CH. MONCHOT. Rapport sur les mines de Raposos, Espirito Santo, Borges et Passagem. *Paris. Imprimerie Nouvelle, 1884.*

O. M. G. 4

TAB... [coupé]

RÉSUMÉ DES OPÉRATIONS DE LA « ANGLO-BRAZILIA... [coupé]

De janvier 186... [coupé]

Années	Nombre de tonnes broyées	Nombre de		Or extrait				Production en livres sterling
		pilons travaillant en moyenne par jour	tonnes broyées par pilon et par jour	total		par tonne		
				en oitavas	en grammes	en oitavas	en grammes	
1864	2.997	14,4	0,61	3.997	14.333	1,33	4,77	»
1865	5.137	18	0,79	11.002	39.453	2,14	7,67	»
1866	7.787	24,5	0,87	25.991	93.204	3,33	11,94	11.696
1867	17.318	45,2	1,05	38.226	137.078	2,20	7,89	17.191
1868	18.895	51,5	1	39.385	141.235	2,08	7,46	17.723
1869	16.229	54	0,83	33.293	119.389	2,05	7,35	14.982
1870	16.022	52	0,84	33.488	120.088	2,09	7,49	15.070
1871	9.756	42	0,63	11.559	41.451	1,18	4,23	5.202
1872	9.499	42	0,62	12.692	45.513	1,33	4,77	5.711
1873	338	30	0,37	490	1.757	1,45	5,30	220
Totaux..	103.978	»	»	210.123	753.501	2,02	7,24	87.795

B|EAU   I

|||GOLD MINING COMPANY, LIMITED » A PASSAGEM

186|4 *février 1873.*

Production en livres sterling	Coût en livres sterling	Pertes en livres sterling	Observations
[illegible]	»	»	Fernandes stamps, 6 pilons mis en marche le 21 janvier 1864. Hesketh's » 12 » » » » le 7 mai »
[illegible]	»	»	
[illegible]	19.151	7.455	Victoria stamps, 15 pilons mis en marche le 27 juillet 1866. Victoria stamps, 15 nouv. pilons mis en marche le 10 janv. 1867.
[illegible]	20.935	3.744	Fernandes stamps, arrêté le 18 avril 1867. Wildes stamps, 6 pilons mis en marche le 14 septembre 1867.
[illegible]	18.345	622	Wildes stamps { 6 nouveaux pilons mis en marche le 27 mai ; 2 arrastras mis en marche, l'un le 15 juillet et l'autre le 4 novembre 1868.
[illegible]	17.276	2.294	
[illegible]	18.000	2.930	Hesketh's stamps, arrêté fin octobre 1870.
[illegible]	10.794	5.592	
[illegible]	11.075	5.364	Wildes stamps, arrêté fin décembre 1872.
[illegible]	386	166	
[illegible]	115.962	28.167	

Le Syndicat, après évoir réalisé l'achat de la mine au commencement de 1883, fit l'acquisitton de trois autres mines, Raposos et Espirito-Santo, situées près de Sabara, et Borges, près de Caethé, et organisa, à la fin de février 1884, une Compagnie de mines comprenant ces quatre propriétés de Passagem, Raposos, Espirito-Santo et Borges, sous le nom de *The Ouro Preto Gold Mines of Brazil, Limited*. Cette Compagnie commença ses opérations à Passagem en avril 1884 ; elle continua immédiatement les travaux entrepris par le Syndicat, en faisant le traitement mécanique des minerais avec la batterie de 12 pilons existante ; une seconde batterie de 12 pilons fut ensuite préparée pour être placée de l'autre côté de la roue, afin de compléter ainsi un atelier de 24 bocards. Depuis on a installé à côté et en contrebas du précédent un nouvel atelier de 32 bocards et à la suite à un niveau encore plus bas, un atelier de 40 pilons californiens ; de sorte que, actuellement, l'usine possède trois ateliers de bocards représentant un total de 96 pilons.

IV

DISPOSITION GÉNÉRALE DES TRAVAUX

Nous avons vu que le gisement de Passagem est formé d'un filon qui pénètre au flanc d'une montagne, suivant une inclinaison de 18° à 20° (fig. 2). Au niveau des affleurements, à 55 mètres environ au-dessus du niveau de la rivière, il existe une plate-forme, d'où partent les deux plans inclinés, qui donnent accès aux travaux d'exploitation exécutés suivant une méthode souterraine ; le minerai, amené au jour, est soumis ensuite à un traitement mécanique et métallurgique, dans plusieurs ateliers établis à différents niveaux, en contre-bas de la plate-forme, sur des gradins taillés dans la roche vive. Tandis que les stériles et résidus pauvres du lavage sont envoyés directement à la rivière, les sables concentrés sont élevés par un petit chemin de fer aérien à un niveau supérieur à celui de la plate-forme, pour y achever leur traitement métallurgique.

Nous distinguerons donc deux sortes de travaux : ceux de l'intérieur, comprenant l'exploitation, l'extraction et l'épuisement, et ceux de l'extérieur, concernant le traitement mécanique et métallurgique des minerais.

Nous allons adopter cet ordre pour l'étude successive des divers services de la mine.

V

EXPLOITATION

MÉTHODE D'EXPLOITATION.— L'accès des travaux souterrains est fourni par les deux plans inclinés, qui s'enfoncent en divergeant dans le gîte, de manière à accompagner presque constamment le toit du filon (fig. 3). Le Plan n. 1 fait un angle de 10° sur la gauche avec l'inclinaison du filon ; il a une section rectangulaire, avec 3^m,50 de largeur et 2^m,50 de hauteur, et sert à la fois pour l'extraction et l'épuisement. Le Plan n. 2, situé à gauche du précédent, fait avec lui un angle de 15° ; il a une section rectangulaire plus petite, avec 3 mètres de largeur et 2^m,20 de hauteur, et sert uniquement pour l'extraction. La distance entre les deux bouches d'entrée est d'environ 30 mètres.

L'exploitation du gisement se fait par une méthode qui participe à la fois du principe de l'abandon partiel et de celui du remblayage : elle consiste à diviser le gîte, suivant sa direction en massifs longs, que l'on recoupe ensuite en massifs rectangulaires ; en chacun d'eux on ouvre des chambres d'abatage, en ménageant, à intervalles variables, des piliers de soutènement, dont on fait l'abandon, s'ils sont formés de matières pauvres, ou que l'on reprend postérieurement, après avoir dressé dans leur voisinage des piliers en pierres sèches avec les stériles provenant d'un premier triage fait dans la mine : ces chambres sont ensuite abandonnées ; on les remblaie en partie avec les rejets dont on dispose, si elles sont situées dans le voisinage des travaux en exécution, ou dans le cas contraire, on laisse le toit s'ébouler naturellement.

Comme on le voit sur le plan de la mine, le gisement est divisé en étages de 50 et 35 mètres, suivant la pente du plan incliné n. 1 ; une galerie de niveau en direction, partant du pied de chaque étage, divise la masse en tranches parallèles, formant ainsi des massifs longs de 50 à 35 mètres de largeur, recoupés à intervalles variables, tous les 40 ou 70 mètres, par des galeries d'inclinaison ou recoupes, qui divisent chacun d'eux en massifs rectangulaires. Ces diverses galeries sont toutes de section rectangulaire : les galeries de niveau ont 2 mètres de largeur sur 2 mètres de hauteur ; les recoupes, plus larges, ont 3 mètres de largeur sur 2 mètres de hauteur.

Ce réseau de travaux préparatoires, destiné à permettre l'établissement de chantiers d'abatage, s'étendait, au 1er juillet 1892, à 450 mètres de profondeur suivant l'inclinaison, et comprenait, entre les niveaux 120 et 435, chiffres indiquant la distance de chaque niveau à la bouche du plan incliné n. 1, un nombre de sept étages, dont quatre en exploitation et les trois derniers en traçage. Au niveau 120, la galerie de direction est venue déboucher au jour au milieu des affleurements, qui se trouvent à pic en cet endroit, ouvrant ainsi une nouvelle voie d'aérage.

Les travaux d'exploitation proprement dits consistent à percer dans chaque massif rectangulaire une ou plusieurs petites galeries, en partant soit d'une galerie de niveau, soit d'une recoupe, puis à s'élargir sur les côtés et en hauteur, de manière à ouvrir de grandes chambres, où l'on fait l'abatage de la masse minérale en une seule tranche, au moyen de plusieurs fronts de taille établis sur le contour, tout en réservant des massifs de soutènement ou en élevant des piliers en pierres sèches pour maintenir le plafond. Ces travaux sont actuellement concentrés dans les deux étages compris entre les niveaux 215 et 315, et dans le voisinage du plan n. 2 au niveau 120 ; il y a aussi un commencement d'exploitation à l'étage compris entre les niveaux 315 et 365.

ABATAGE. — L'abatage de la roche s'exécute en forant des trous de mine que l'on charge avec la dynamite. Les trous ont un diamètre uniforme de $0^m,03$ et une longueur variant de $0^m,20$ à $1^m,70$. Ils sont faits suivant le procédé classique du forage à l'aide du fleuret (*broca*) et de la massette (*marreta*) que manœuvre le mineur (*broqueiro*).

Le travail est généralement effectué par un homme manœuvrant les deux outils ; pour les trous profonds, il est fait par deux hommes, manœuvrant alternativement, l'un la masse, l'autre le fleuret.

Les fleurets employés sont des barres d'acier de section octogonale, de 22 millimètres de grosseur et d'un poids de 3^{kg},100 par mètre courant. Le jeu de fleurets comprend les longueurs de barres de 0^m,30 ; 0^m,45 ; 0^m,60 ; 0^m,90 ; 1^m,20 ; 1^m,35 ; 1^m,50 ; 1^m,65 ; 1^m,80.

La massette à une main pèse de 2 kilogr. à 2^{kg},500 ; celle à deux mains, 5 kilogr.

Pour le forage des trous inclinés vers le bas, le mineur verse un peu d'eau, afin de rafraîchir son outil, d'où leur nom de trous d'eau (*buracos de agua*) ; et afin d'empêcher cette eau de gigler au dehors à chaque coup de masse, il couvre le trou d'une rondelle de cuir percée en son milieu pour laisser passer le fleuret. Le curage se fait avec une simple tige de bois, dont le gros bout légèrement aplati forme bourrelet : introduite dans le trou et retirée brusquement, elle entraîne au dehors les boues retenues par le bourrelet.

Les trous inclinés vers le haut sont forés à sec et nettoyés avec une curette en fer ; on les désigne sous le nom de *buracos chulanos*.

Dans les chantiers, les mineurs sont uniquement occupés à faire des trous de mine aux endroits indiqués par le marqueur (*marcador*), qui leur donne la position, direction et profondeur de chacun. Ces trous ont une profondeur qui varie de 3 à 8 palmes (0^m,65 à 1^m,70) (1), et, lorsque l'un d'eux est achevé, le mineur y introduit une baguette pour le signaler à l'attention du marqueur chargé de le vérifier. Leur travail est de 8 heures par jour, et chacun d'eux fait, durant ce temps, de 7 à 12 palmes (1^m,50 à 2^m,60), suivant la position des trous et la dureté de la pierre.

Le chargement et le tirage sont faits, à la fin du travail, par deux ouvriers spéciaux, les artificiers (*fogueteiros*), qui

____

(1) La palme *(palmo)* est de 0^m,22.

accompagnent le marqueur dans sa tournée ; celui-ci, après vérification, leur indique le nombre de cartouches qui doivent former la charge de chaque trou.

La dynamite employée est la dynamite-gomme de Nobel, de fabrication française, en cartouches enveloppées de papier parcheminé, de 20 millimètres de diamètre et de 100 millimètres de longueur. Le nombre de cartouches d'une charge dépend de la profondeur du trou : pour un trou de 3 palmes, la charge est de 3 cartouches ; 4 palmes, 4 cartouches ; 6 palmes, 5 cartouches ; 8 palmes, 6 cartouches. On consomme en moyenne 6 cartouches de dynamite pour abattre un mètre cube de massif ; à raison de 3 tonnes par mètre cube, cela représente une consommation de 2 cartouches par tonne abattue.

Pour charger un trou, on y introduit le nombre de cartouches indiqué, la dernière avec étoupille, sans mettre aucun bourrage ; pour les trous inclinés vers le haut, on se contente de maintenir la charge à l'aide d'une simple boulette de papier. On noue une mèche de coton, imbibée de pétrole, à l'extrémité repliée du cordeau, qui dépasse d'une longueur de $0^m,10$ à $0^m,15$, ce qui permet l'allumage rapide des divers coups dans un même chantier.

Les postes de la mine commençant à 6 heures du matin et à 5 heures du soir, les artificiers préparent les coups de mine et mettent le feu à partir de 2 heures de l'après-midi et de 1 heure du matin ; de sorte qu'il s'écoule un intervalle de temps suffisant avant la reprise du travail, pour permettre aux vapeurs délétères produites par les explosions de se dissiper. Par sécurité, on laisse toujours s'écouler l'intervalle d'un poste avant de remettre des hommes dans un chantier où l'on a donné des coups de mine.

Les artificiers s'occupent, jusqu'à l'heure du tirage, à détacher, à l'aide de pinces, dans les divers chantiers, les quartiers de roches en partie déchaussées qui menacent de tomber du plafond ou des murs.

Les matériaux produits par les coups de mine sont déblayés par les manœuvres, qui font sur place un premier triage, afin de séparer le minerai des quartzites et des schistes stériles ; ils accumulent le minerai en tas près de la petite voie ferrée qui pénètre dans le chantier, ou le transportent, dans de petites brouettes sans pieds roulant sur une voie de planches, jusqu'à un couloir, où ils le versent, pour être repris au bas ; les stériles sont utilisés comme remblai qu'ils vont déverser dans les chambres abandonnées. Ces ouvriers sont envoyés successivement par le marqueur, de chantiers en chantiers, pour y exécuter le déblaiement.

ROULAGE. — Le roulage s'effectue, à chaque étage, des chantiers aux recettes des plans établis à la base de l'étage, au moyen de wagonnets poussés par les rouleurs (*carreiros*) sur les voies ferrées des galeries de niveau et des diverses recoupes horizontales qui vont aux tailles.

Les wagonnets sont tous du même modèle : ils sont formés d'une caisse rectangulaire en fer, montée en porte-à-faux sur le truck en bois, auxquel sont fixés les essieux des roues ; détachant le crochet qui lie la caisse au truck, à l'arrière, celle-ci se meut autour d'une charnière horizontale et s'incline vers l'avant, qui s'ouvre comme une porte et permet à la charge de s'écouler au dehors.

Leur capacité est de 350 litres, et, comme le poids spécifique du minerai en fragments est de 1,5, la charge de minerai qu'ils reçoivent est de 500 kilogrammes environ.

Les voies ferrées sont toutes faites avec des rails à patin ; la largeur de voie est de $0^m,40$ pour les galeries de niveau et les recoupes de raccordement avec les chantiers, et seulement de $0^m,26$ pour les diverses petites galeries qui partent de plusieurs chantiers pour se ramifier à un couloir incliné, muni au bas d'une trémie de chargement, à proximité d'une galerie de niveau. Les chantiers voisins de la mère-galerie inférieure sont directement raccordés avec elle, et le roulage s'effectue en une seule fois jusqu'à la recette ; tandis que pour ceux qui sont ouverts dans les parties supérieures de l'étage, on évite l'établissement de petits plans inclinés en effectuant le roulage en deux fois, des chantiers au couloir et de la base de ce couloir à la recette.

Les rouleurs, au nombre de deux par wagonnet, font le chargement du minerai, soit dans les chantiers, soit au bas d'un couloir, et poussent leur véhicule jusqu'à la recette de l'étage, où ils versent leur charge dans une grande caisse de distribution.

Les véhicules de roulage ne sortent donc pas de l'intérieur de la mine. Les rouleurs font leur service dans les divers chantiers, où ils sont envoyés successivement par le marqueur.

Tout le roulage de la partie S.-O. de la mine est concentré sur le Plan n. 1, celui de la partie entre les plans et de la partie N.-E. est dirigé sur le Plan n. 2.

REMBLAYAGE. — Le remblai est uniquement fourni par les quartzites et les schistes du mur que l'on est forcé souvent d'abattre conjointement avec le minerai pour la facilité du travail et l'épuisement régulier du gîte. Les quartzites se détachent en feuillets, que l'on utilise avantageusement pour dresser les piliers et les murs de soutènement ; les menus et les schistes servent à faire le remplissage de ces massifs, au fur et à mesure de leur édification.

Quand il y a nécessité de remblayer une chambre abandonnée, comme celles dans le voisinage des plans, les dresseurs de piliers (*pedreiros*) élèvent dans le bas un mur en pierres sèches, tandis que les manœuvres utilisent le restant des matériaux stériles pour les verser par le haut de l'excavation, afin que le remblai arrive tout naturellement en place.

BOISAGE. — Le boisage est à peu près nul, grâce à la solidité de la roche et du toit. Les voies de communication, ouvertes dans le gîte, ne nécessitent aucun revêtement ; dans les chantiers, les piliers de soutènement sont établis de manière à maintenir le toit, où une couche de schistes cristallins, très résistante malgré sa faible épaisseur, sépare le filon des itabirites susceptibles de se fendre en feuillets minces et les empêche de s'ébouler. Dans les endroits où les itabirites se trouvent à découvert, on établit quelques buttes, non pas tant pour soutenir le plafond que pour servir de témoin et prévenir de l'imminence d'un éboulement ; sur les points retirés, on va même jusqu'à le susciter.

Le principal travail des boiseurs (*estivadores*) est l'établissement et l'entretien des caisses de distribution, qui existent au pied des couloirs et dans les plans aux recettes des divers étages en exploitation.

Salaires des ouvriers du dépilage.— Les divers services
du dépilage sont placés sous la surveillance de marqueurs, qui
reçoivent un salaire mensuel de 150$000 reis (207 francs) (1).

Les mineurs sont payés à la palme de trou foré, à raison de
300 reis par palme, et, comme ils font en moyenne 10 palmes
par jour, cela leur fait une journée de 3$000 reis (4 fr. 15).

Les artificiers sont payés 200 reis par heure et travaillent
alternativement 11 heures de jour ou 13 heures de nuit chaque
semaine ; ce qui leur fait une journée moyenne de 12 heures à
raison de 2$400 reis (3 fr. 30).

Les manœuvres sont payés 200 reis par heure et travaillent
10 heures par jour ; leur journée est donc de 2$000 reis (2 fr. 75).

Les rouleurs reçoivent 250 reis par heure et travaillent
10 heures par jour ; leur journée est donc de 2$500 reis (3 fr. 45).

Les dresseurs de piliers reçoivent 300 reis par heure et
travaillent 10 heures par jour ; leur journée est donc de 3$000
reis (4 fr. 15).

Les boiseurs reçoivent de 200 à 320 reis par heure et
travaillent 10 heures par jour ; leur journée est donc de 2$000
à 3$200 reis (2 fr. 75 à 4 fr. 40).

Actuellement l'abatage s'exécute en grande partie à l'entreprise par des mineurs spéciaux que l'on désigne sous le nom de
mineurs par contrat (*contratistos*). Ils sont payés au mètre cube
de massif abattu, à raison de 11$000 reis (15 fr. 20) le mètre
cube. Ils doivent exécuter les trous de mine et y donner le feu,
faire le triage des débris, charger et transporter le minerai
jusqu'aux recettes et dresser les piliers de soutènement ; ils ont
à leur charge les dépenses d'explosif et d'éclairage ; la Compagnie
leur fournit seulement les traverses et les rails pour l'établissement des voies ferrées nécessaires aux transports. Ces hommes
sont groupés par escouades, placées chacune sous la conduite
d'un chef, auquel la direction assigne un chantier de dépilage ;
ces escouades sont réparties en deux postes et se composent de
deux mineurs pour un rouleur. On a constaté que 150 hommes,
en cinq escouades, abattent 1 500 mètres cubes par mois de

____

(1) Au change moyen de 725 reis pour franc de l'année 1891-1892,
à laquelle correspondent les divers salaires donnés.

25 jours de travail, à raison de 60 mètres cubes par jour, et consomment pour cela 9 000 cartouches de dynamite. A 11$000 réis le mètre cube, déduction faite des dépenses de dynamite, que l'administration leur fournit à raison de 400 reis (0 fr. 55) par cartouche, et du montant des salaires des 5 chefs d'escouade, fixés chacun à 150$000 reis (207 francs) mensuels, les mineurs reçoivent en moyenne 90$000 reis (124 francs) et les rouleurs 70$000 reis (96 fr. 50) par mois.

EXÉCUTION DES VOIES DE COMMUNICATION. — Le percement des galeries et des plans est également fait à l'entreprise par des mineurs spéciaux, en prenant comme base le mètre courant de voie ouverte. Les conditions et le mode d'exécution de ces travaux diffèrent suivant la position et la section de la voie.

Pour le percement des galeries, le travail s'exécute en deux postes de 8 heures par jour, chaque poste prenant le travail aux heures d'entrée dans la mine. Les mineurs, au nombre de 2 à l'avancement par poste, ont à leur charge le percement de la galerie, le triage et le transport des déblais jusqu'au plan, la pose des traverses et des rails qui leur sont fournis par l'administration ; les dépenses d'éclairage et d'explosif sont à leur compte. Ils sont aidés dans leur tâche par deux rouleurs, chargés du déblaiement et du transport au plan, qui travaillent seulement pendant le poste de jour et font le service de deux avancements. De sorte que le percement d'une galerie est en réalité effectué par 5 hommes : 4 mineurs et 1 rouleur.

Pour les galeries de direction, dont la section est un carré de 2 mètres de côté, le travail de la perforation se fait de la manière suivante : les deux mineurs forent chacun à mi-hauteur un trou A, incliné vers le haut en demi-pente, avec une longueur de 1^m,10, et chargent 4 cartouches par trou pour donner le feu à l'heure du tirage ; ils produisent ainsi un entonnoir à la partie supérieure du front de taille. Ils forent ensuite deux trous semblables B, placés un peu au-dessous de la position des précédents et inclinés vers le bas en demi-pente, et deux trous courts C, inclinés vers le haut avec 0^m,30 à 0^m,40 de long, pour entailler les angles supérieurs de la galerie ; ils donnent le feu aux quatre ensemble, après avoir chargé chaque trou B avec 3 cartouches et chaque trou C avec 1 cartouche et demie. Ils achèvent de niveler la section à l'aide de petits coups de mine de 0ᵐ,30 de longueur, chargés avec une cartouche et demie chacun. En 25 jours de travail par mois, ils font, en moyenne, à eux cinq, 7 mètres d'avancement et brûlent 420 cartouches ; ce qui représente une consommation de 15 cartouches par mètre cube de roche abattue.

Pour les galeries de recoupe, dont la section est de 3 mètres de large pour 2 mètres de haut, le travail s'exécute un peu différemment : les mineurs font d'abord au milieu un trou A de 1ᵐ,10 de longueur, incliné vers le haut, le chargent de 4 cartouches et donnent le feu à l'heure propre ; puis ils exécutent 2 trous A' un peu moins profonds et situés à peu près au même niveau de part et d'autre du premier avec une égale inclinaison vers le haut, il les chargent chacun de 3 cartouches et y mettent le feu ; ils forent ensuite 2 à 3 trous B, inclinés vers le bas, au pied de l'entonnoir produit et à un niveau un peu inférieur à celui des précédents ; ces trous reçoivent une charge de 3 cartouches chacun et ils en font le tirage ; finalement, pour faire disparaître le renflement qui existe entre les deux entonnoirs et pour aviver les angles de la galerie, ils forent 6 trous C de 0ᵐ,30 à 0ᵐ,50, 2 à mi-hauteur et 4 dans les coins, qu'ils chargent avec 1,5 à 2 cartouches. En 25 jours de travail par mois, ils font en moyenne, à eux cinq, 6ᵐ,50 d'avancement et brûlent 550 cartouches ; ce qui fait 14 cartouches par mètre cube de roche abattue.

Pour le percement des plans inclinés, comme il est de toute nécessité que l'avancement se fasse le plus rapidement possible, pour pouvoir ouvrir de nouveaux étages, le travail est fait par jour en trois postes de 8 heures. Les mineurs sont seulement chargés du percement et de la pose de la voie du plan, le déblaiement est exécuté par des manœuvres fournis par l'administration en dehors de l'entreprise, qui a toujours à sa charge les dépenses d'éclairage et d'explosif.

Pour le Plan n. 2, de section de 3 mètres de large sur 2ᵐ,20 de haut, 3 mineurs travaillent par poste. Ils forent d'abord à 1 mètre du sol, 3 trous A de 1ᵐ,10 de longueur, inclinés vers le bas en demi-pente, les chargent de 3 cartouches chacun et font le tirage, qui produit un entonnoir vers le milieu de la partie inférieure du front de taille ; ils forent ensuite à peu près au même niveau 3 autres trous B de même longueur, inclinés vers le haut en demi-pente, les chargent de 4 cartouches chacun et font un nouveau tirage, qui produit un autre entonnoir à la la partie supérieure ; puis finalement ils font disparaître le renflement qui existe entre les deux entonnoirs et avivent les angles en forant 6 trous C de 0ᵐ,30 à 0ᵐ,50, 2 à mi-hauteur et 4 dans les coins, qu'ils chargent avec 1,5 à 2 cartouches. Ces

TABLE[AU]

PRIX D'EXÉCUTION DES

Voie de communication	Dimensions de la section en mètres	Prix du mètre courant de voie ouverte		Prix correspondant du mètre cube de roche abattue		Nombre d'ouvriers à l'avancement par 24 heures
		en reis	en francs	en reis	en francs	
Galerie de direction.	2 × 2	100$000	138 »	25$000	34,50	5
» » recoupe..	3 × 2	120$000	165,50	20$000	27,60	5
Plan incliné n. 2...	3 × 2,20	180$000	248 »	27$000	37,20	9
» » n. 1...	3,50 × 2,50	240$000	330 »	27$000	37,20	12

9 mineurs font ainsi, en 25 jours de travail par mois, de 7ᵐ,80 à 8 mètres d'avancement et consomment de 650 à 680 cartouches, soit 13 cartouches par mètre cube de roche abattue.

Pour le Plan n. 1, de section de 3ᵐ,50 de large sur 2ᵐ,50 de haut, 4 mineurs travaillent par poste et exécutent le travail exactement de la même manière que pour le Plan n. 2, avec la seule différence qu'ils forent 4 trous A et 4 trous B au lieu de 3. De sorte qu'ils ont à forer :

    4 trous A vers le bas, chargés à 3 cartouches chacun
    4   »   B vers le haut,   »   4   »   »
    6   »   C au pourtour,   »   1,5-2   »   »

Après chacun de ces 3 forages, ils font le tirage. Ces 12 mineurs font ainsi, en 25 jours de travail, de 7^m,50 à 8 mètres

TABLEAU II

VOIES DE COMMUNICATION

Avancement mensuel en mètres	Salaire mensuel moyen par homme		Nombre de cartouches de dynamite consommées			Salaire mensuel moyen (dépense de dynamite déduite) par homme	
	en reis	en francs	Total	par mètre courant	par mètre cube abattu	en reis	en francs
7 »	140$000	193	420	60	15	106$000	146
6,50	156$000	215	550	84	14	112$000	154,50
7,50 — 8	150$000—160$000	207—220	650—680	86	13	121$000—130$000	167—179
7,50 — 8	150$000—160$000	207—220	790—840	105	12	124$000—132$000	171—182

d'avancement, et consomment pour cela de 790 à 840 cartouches ; soit 12 cartouches par mètre cube.

Les prix d'exécution des voies de communication sont indiqués dans le *Tableau II*, qui donne les prix payés à l'entreprise par mètre courant de voie ouverte et qui met en évidence la valeur moyenne des salaires mensuels des ouvriers chargés de ce travail.

Aux plans, on met les meilleurs mineurs, à cause des plus grandes difficultés de percement et de l'obligation de travailler en partie dans l'eau ; aussi le prix de l'entreprise a-t-il été calculé de manière à leur permettre de gagner un salaire un peu plus élevé.

VI

EXTRACTION

·L'extraction du minerai se fait par traction mécanique au moyen des deux plans inclinés n. 1 et n. 2 à simple effet (fig. 5). En chaque plan, une seule ligne ferrée, de $0^m,60$ de largeur de voie, sur laquelle circule un wagonnet en tôle attaché à un câble d'acier, qui vient s'enrouler à la surface sur un tambour cylindrique mû par une roue en dessus à augets. Les deux tambours (fig. 6, page 42), d'axe commun, peuvent se fixer à volonté sur l'arbre de la roue, de sorte qu'ils travaillent indépendamment l'un de l'autre : chacun d'eux est muni d'un embrayage, qui permet de le prendre à l'arbre moteur, afin de produire la traction du wagonnet plein par enroulement du câble, et d'un frein à sabots pour ralentir le tambour libre sur l'arbre pendant la descente du wagonnet vide. Une vanne sert à régler l'entrée de l'eau dans la roue, de manière à produire la traction sur les deux tambours ou sur l'un d'eux seulement, l'autre restant immobile ou se mouvant librement en sens contraire pour la descente.

Le wagonnet employé est formé d'une caisse parallélipipédique, montée à charnière sur un truck en bois, auquel elle est retenue par un crochet ; en le décrochant, la caisse s'incline, tandis que l'un des petits côtés, s'ouvrant comme une porte autour d'une charnière à la partie supérieure, permet de la vider facilement (fig. 7, page 43). Sa capacité est de 0,560 mètre cube ; son poids mort est de 250 kilogr. ; il transporte un poids utile de minerai de 750 kilogr. Chacun d'eux est muni d'un crochet d'attelage qui se prolonge par une griffe servant de parachute, à la descente comme à la montée; si le câble se rompt ou que le véhicule se détache, aussitôt la griffe s'abat par son poids et se pique en terre, arrêtant ainsi le wagonnet dans sa course; dans le cas d'une descente rapide qui empêcherait la griffe de s'ancrer suffisamment, celle-ci fait toujours sauter hors des rails le véhicule qui se renverse de côté en ne produisant

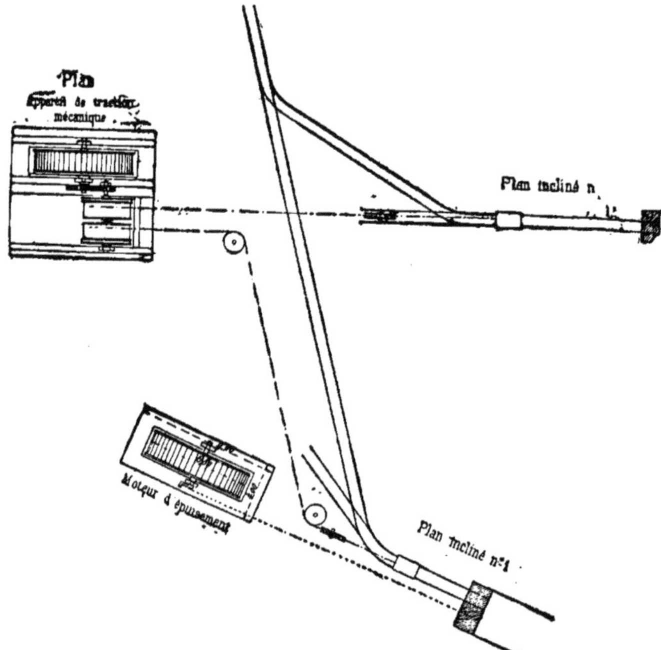

Fig. 5. — Plans inclinés. Disposition générale.

que quelques dégâts matériels, au lieu de continuer à courir sur la voie avec une vitesse accélérée et de s'abîmer au fond en produisant des accidents souvent très graves.

Les câbles d'extraction sont des câbles ronds, en acier, de 17 millimètres de diamètre, pesant 1 016 grammes par mètre

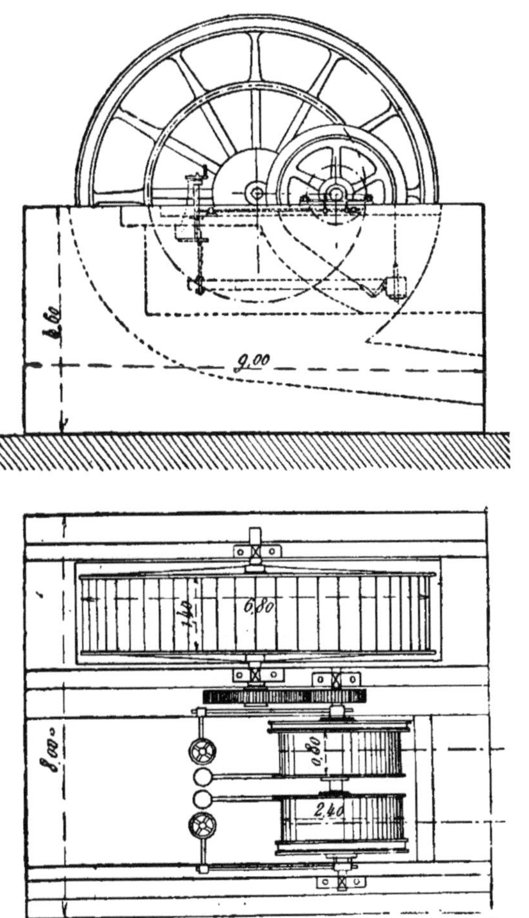

Fig. 6. — Élévation et plan de l'appareil de traction mécanique.

courant ; ils se terminent par une boucle conique pour les prendre au crochet d'attelage. A chaque câble s'attache un seul wagonnet ; le nombre des voyages, aller et retour, faits en 24 heures dans les deux plans, varie de 200 à 220 ; la vitesse moyenne du véhicule est de 1ᵐ,75.

Le chargement des wagonnets se fait au moyen de grandes caisses de distribution pouvant recevoir 40 tonnes de minerai ; elles ont la forme d'un trémie, fermée à la partie inférieure par une porte à levier, et sont directement placées à chaque étage

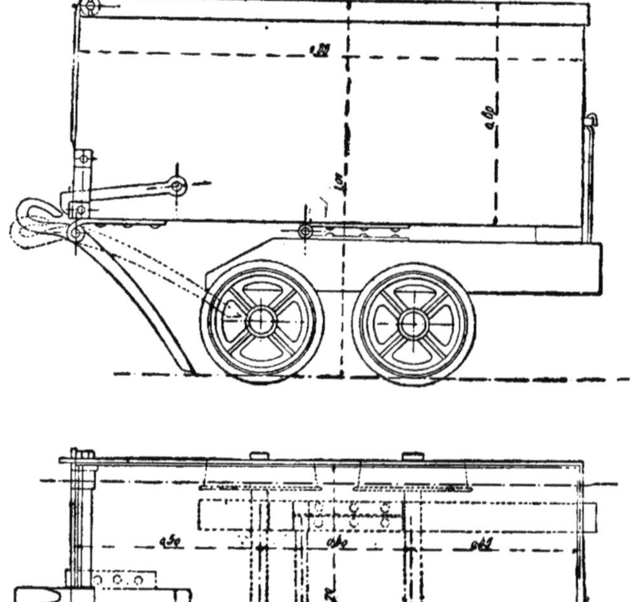

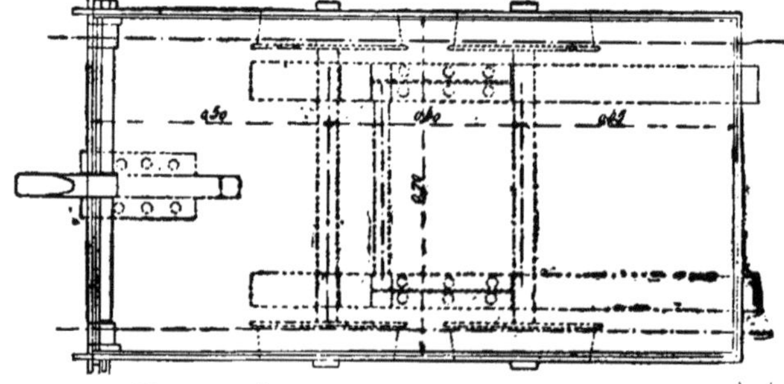

Fig. 7.— Élévation et plan d'un wagonnet.

en exploitation sur le milieu du plan, de manière à laisser en dessous le passage libre aux véhicules, ce qui permet de faire le chargement direct en arrêtant le wagonnet exactement au-dessous de la porte. Les receveurs de l'intérieur, au nombre de deux en chaque plan, desservent les diverses recettes d'un plan et se déplacent suivant les besoins pour faire le chargement aux divers niveaux. A la surface, les receveurs, au nombre de trois pour les deux plans, reçoivent le wagonnet plein, le remplacent par un vide et le dirigent à la halle de triage pour y verser sa charge.

Les mécaniciens, chargés de la manœuvre des tambours, sont au nombre de deux, un devant chaque tambour : ils ont à leurs pieds la pédale du frein de leur tambour et à portée de la main la manivelle d'embrayage, entre eux et au-dessus de leur tête le levier de manœuvre de la vanne d'admission de l'eau dans la roue. Un marteau, mû par un fil de fer qui court le long de chaque plan, leur permet de recevoir les signaux des receveurs de l'intérieur.

Le service de l'extraction se fait en deux postes, l'un de 10 heures le jour, l'autre de 13 heures la nuit ; le personnel change de poste chaque semaine. Il est payé à l'heure : les receveurs de l'intérieur à raison de 350 reis, ils se font ainsi 4$000 reis (5 fr. 50) par jour ; les receveurs de la surface, de 180 à 190 reis, ce qui leur fait de 2$000 à 2$200 reis (2 fr. 75 à 3 francs) par jour ; les mécaniciens, à raison de 220 reis, ce qui leur fait 2$500 reis (3 fr. 45) par jour.

VII

ÉPUISEMENT

L'épuisement se fait au moyen de pompes installées dans le Plan n. 1, dont l'avancement est toujours maintenu à une plus grande profondeur que celui du Plan n. 2 pour y concentrer les eaux.

Les pompes sont disposées en répétition le long d'un des côtés du Plan et élèvent les eaux depuis le fond jusqu'au niveau 150, d'où part une galerie d'écoulement qui vient déboucher au-dessus de la rivière, à quelques mètres du niveau des crues et à 50 mètres au-dessous de la plate-forme de la bouche des plans (fig. 4).

Le jeu des pompes comprend : à la partie inférieure, une pompe aspirante et élévatoire de $0^m,13$ de diamètre, qui est munie d'un aspirant à joint souple en cuir, et élève les eaux au niveau 400, où elles sont reprises par trois pompes foulantes successives à piston plongeur, pour les amener au niveau de la galerie d'écoulement, par où elles s'écoulent naturellement, afin de se déverser dans la rivière. La première pompe, de $0^m,15$ de diamètre, élève les eaux du niveau 400 au niveau 315 ; la seconde, de $0^m,20$ de diamètre, les élève au niveau 235, et la troisième, de $0^m,23$ de diamètre, les amène au niveau 150.

Toutes ces pompes ont leur tige fixée en porte-à-faux à une maîtresse-tige, qui court le long du plan incliné et repose de distance en distance sur des galets de roulement ; elles sont mises en mouvement par une roue en dessus à augets, de $6^m,80$ de diamètre, placée à l'entrée de la bouche du plan, et par une petite roue Pelton établie au point de jonction du plan et de la galerie d'écoulement, de manière à utiliser une hauteur totale de chute de l'eau, qui mesure 7 mètres, du canal d'amenée à la bouche du plan, et 50 mètres de ce point à la galerie par où s'échappent les eaux motrices, après avoir produit leur action de compagnie avec les eaux d'épuisement. Chaque piston a une course de $1^m,50$ et donne 6 coups doubles par minute : le débit de la pompe supérieure atteint 360 litres par minute.

VIII

SERVICES ACCESSOIRES

Ventilation. — L'atmosphère se renouvelait autrefois par simple aérage naturel ; il en est encore de même dans les chantiers de dépilage, mais dans les travaux d'avancement, aujourd'hui très profonds, ce mode de ventilation est devenu insuffisant. On a dû installer à la surface une machine de compression de l'air, qui envoie, dans un régulateur, l'air comprimé, pour être dirigé ensuite sur les divers avancements, au moyen de tuyaux d'aréage.

ÉCLAIRAGE. — L'éclairage se fait à l'huile de ricin (*mamona*), dans de petites lampes en fer du modèle de Freiberg.

Chaque mineur possède sa lampe et paye son huile et les mèches, qui lui sont fournies par l'administration à raison de 600 reis (0 fr. 83) le litre d'huile et de 120 reis (0 fr. 165) le mètre de mèche. En 5 jours, il consomme un litre d'huile et $0^m,50$ de mèche ; la lampe pleine dure toute une journée.

EXPLOSIFS. — La dynamite employée est la dynamite-gomme de Nobel, en caisses de 250 cartouches. Le coût d'une caisse rendue à la mine est de 100$000 reis (138 francs).

Les capsules sont faites de petits cylindres de cuivre de 25 millimètres de long sur 6 millimètres de diamètre, remplis au tiers de fulminate de mercure. La boîte de 100 capsules revient à 5$000 reis (6 fr. 90).

L'étoupille de sûreté employée est celle de Bickford, que l'on reçoit de France, et revient à 1$000 reis (1 fr. 38) les 8 mètres ; on se sert du cordeau blanc pour les trous secs et du cordeau noir entouré de goudron pour les trous contenant de l'eau.

Un artificier spécial, installé dans une petite maison isolée de la surface, prépare les cartouches par le procédé courant, avec un mètre de cordeau pour chacune. Il est en même temps chargé du service des lampes spéciales de l'administration.

IX

IMPORTANCE DU PERSONNEL DE LA MINE

Les postes de la mine commencent à six heures du matin et à cinq heures du soir, avec interruption du dimanche au lundi matin. Les ouvriers du poste du matin, qui travaillent à l'heure, ont un repos d'une heure pour déjeuner, de 9 à 10 heures. Par suite de l'arrêt du dimanche, le service de l'extraction doit se faire, pendant la semaine, de manière à satisfaire aux besoins de l'usine de préparation mécanique qui fonctionne continuellement.

Les divers services de la mine sont placés sous la conduite d'un maître-mineur ou capitaine de mine, qui fait exécuter les travaux sous les ordres du directeur.

```
Service du dépilage.......  Marqueurs.......     4
   »       »      »   .......  Mineurs .........   100
   »       »      »   .......  Rouleurs ........    50
   »       »      »   .......  Divers...........    60
                                                  ─────
                                                    214

Service du traçage........  Mineurs .........    53
   »       »      »   ........  Rouleurs ........     8
   »       »      »   ........  Divers...........     2
                                                  ─────
                                                     63

Service de l'extraction ....  Surveillants.....     2
   »       »      »   ....  Receveurs.......    14
   »       »      »   ....  Mécaniciens.....     4
   »       »      »   ....  Divers ..........     9
                                                  ─────
                                                     29

          Total du personnel............    306
```

Ce personnel se compose en partie de brésiliens, presque tous mulâtres ou nègres, et d'étrangers ; ces derniers, pour la plupart italiens, travaillent principalement à l'entreprise. L'habitant du pays fournit une bonne main-d'œuvre, mais il est peu assidu : sur 25 jours de travail normal par mois, il est rare qu'il fasse plus de 18 à 20 jours ; aussi faut-il renforcer le personnel d'un bon tiers pour avoir l'effectif au complet pour les travaux.

X

PRODUCTION. PRIX DE REVIENT DE L'EXPLOITATION

La production mensuelle de minerai tout-venant est en moyenne de 3 800 tonnes, ce qui donne 150 tonnes par jour de travail.

Le nombre de tonnes extraites pendant le dernier exercice, du 1er juillet 1891 au 1er juillet 1892, a été de 46$200.

Le *Tableau III* donne le prix de revient de l'exploitation par tonne extraite, pour ce même exercice.

XI

TRAITEMENT MÉCANIQUE ET MÉTALLURGIQUE DU MINERAI

PRINCIPE ET FORMULE DU TRAITEMENT

Le minerai de Passagem se compose essentiellement de quartz, de tourmalines et de pyrites arsénicales, avec moindres quantités de pyrites de fer ordinaires et de pyrites magnétiques, avec présence de bismuth probablement à l'état de sulfure.

L'or se présente dans ce minerai à deux états distincts : à l'état d'or natif, disséminé en fines parcelles dans le quartz, et à l'état natif ou de combinaison encore mal définie dans les tourmalines et les sulfures. Au point de vue pratique de l'extraction du métal précieux, on se trouve donc en présence d'un minerai complexe appartenant à la classe des quartz aurifères rebelles, que les Américains désignent sous le nom de *refractory ores*. On ne peut lui appliquer un simple traitement par préparation mécanique, complété par l'amalgamation, sous peine de perdre dans les rejets (*tailings*) une grande partie de l'or contenu. Il faut le soumettre à une série d'opérations que l'on peut grouper en trois catégories distinctes :

TABLEAU III

PRIX DE REVIENT DE L'EXPLOITATION POUR L'EXERCICE 1891-1892

Nombre de tonnes extraites : 46 200

	Dépenses annuelles		Coût de l'exploitation par tonne	
	en reis	en francs	en reis	en francs
I. Capitaine............	2:650$000	3.655	0$057	0,08
II. Main-d'œuvre :				
Dépilage..........	187:298$000	258.342	4$054	5,59
Traçage	83:211$000	114.773	1$801	2,49
Extraction........	21:971$000	30.805	0$475	0,65
	292:480$000	403.420	6$330	8,73
III. Explosif :				
Dépilage..........	32:190$000	44.400	0$697	0,96
Traçage	29:778$600	41.073	0$644	0,89
	61:968$000	85.473	1$341	1,85
IV. Acier de fleuret.......	5:809$000	8.012	0$126	0,17
V. Éclairage............	7:771$000	10.718	0$168	0,23
VI. Matérial, divers.......	19:000$000	26.207	0$411	0,57
Total général.......	389:673$000	537.485	8$433	11,63

1º Un broyage assez fin permettant d'effectuer par lavages la séparation des parcelles d'or libre (*free gold*) et *des* parcelles de sulfures (*sulphurets*) d'avec la gangue quartzeuse, de manière à pouvoir soumettre chacun de ces éléments au traitement qui lui convient, sans que les réactions soient gênées par la présence de quartz stérile en abondance ;

2ª L'action du mercure sur les parcelles d'or libre ainsi isolées, de manière à réaliser leur amalgamation ; la récolte de l'amalgame et son traitement pour séparer l'or ;

3º L'action d'un réactif chimique, le chlore, dans notre cas, sur les parcelles de sulfures directement concentrées ou rebelles à l'amalgamation ; la précipitation de l'or de sa dissolution et sa fusion.

Il s'ensuit que la formule du traitement comprend trois parties : 1ª préparation mécanique ; 2º amalgamation ; 3º chloruration.

PRÉPARATION MÉCANIQUE. — Le minerai tout-venant est soumis d'abord à une classification comprenant un criblage et un triage à la main (*klaubage*) pour la séparation des stériles à rejeter, puis le bon à traiter passe au bocardage, les gros après un concassage préalable, les menus directement. Les sables produits supportent plusieurs lavages successifs sur les tables, avec intercalation d'une pulvérisation destinée à compléter le lavage, de manière à obtenir des sables concentrés à deux degrés d'enrichissement : les sables riches, contenant la majeure partie de l'or, vont à l'amalgamation, et les concentrés, provenant des tailings, sont envoyés à la chloruration.

AMALGAMATION. — L'amalgamation se fait par le procédé direct et, comme une fraction de l'or échappe à l'action du mercure, les sables sont recueillis de nouveau, après en avoir séparé l'amalgame entraîné, et joints aux concentrés pour être traités par chloruration. L'amalgame est filtré et distillé, et l'or brut passe à l'affinage pour couler l'or en barres.

CHLORURATION. — Les sables concentrés sont soumis à un grillage à mort pour éliminer complètement le soufre et l'arsenic des pyrites et peroxyder le fer ; puis ces sables grillés passent à la chloruration par voie humide, suivant le procédé Newbery-Vautin ; par filtration, on obtient une liqueur contenant le chlorure d'or en dissolution, d'où l'on précipite l'or par le protosulfure de cuivre, sous la forme d'un mélange d'or et de soufre que l'on soumet à l'affinage pour obtenir l'or en barres.

Par cette méthode, on arrive à retirer d'un minerai complexe, comme le sont les minerais de quartz et de pyrites aurifères, les deux tiers de l'or contenu.

Dans les commencements des opérations de la Compagnie, on ne faisait pas de chloruration ; on se contentait, après un travail à la main soigné pour séparer les stériles et le quartz pauvre, de faire la préparation mécanique, en laissant aller à la rivière les sables pauvres provenant d'un premier lavage, tandis qu'on appliquait l'amalgamation aux sables riches. Actuellement, on recueille une grande partie de l'or, qui a échappé à l'amalgamation ou a été emporté dans les sables pauvres, en complétant le traitement par la chloruration des sables d'amalgamation et des tailings préalablement concentrés. Cette modification a été introduite dans la méthode par le directeur actuel de la mine, M. Henry Gifford, à partir de décembre 1889, après des essais faits au laboratoire sous sa direction.

Le *Tableau IV* (page 52), montre la marche du traitement primitif, tel qu'il était suivi en 1888 ; il permet de se faire une idée des diverses opérations auxquelles était alors soumis le minerai et, par la description du nouveau traitement que nous allons entreprendre à présent, il sera aisé de se rendre compte des perfectionnements apportés.

XII

DISPOSITION DU CARREAU DE LA MINE ET DE L'USINE DE TRAITEMENT

Nous avons vu que les deux plans inclinés, par où le minerai sort de la mine, débouchent sur une plate-forme située au flanc de la montagne à 55 mètres environ au-dessus du niveau moyen

TABLEAU IV

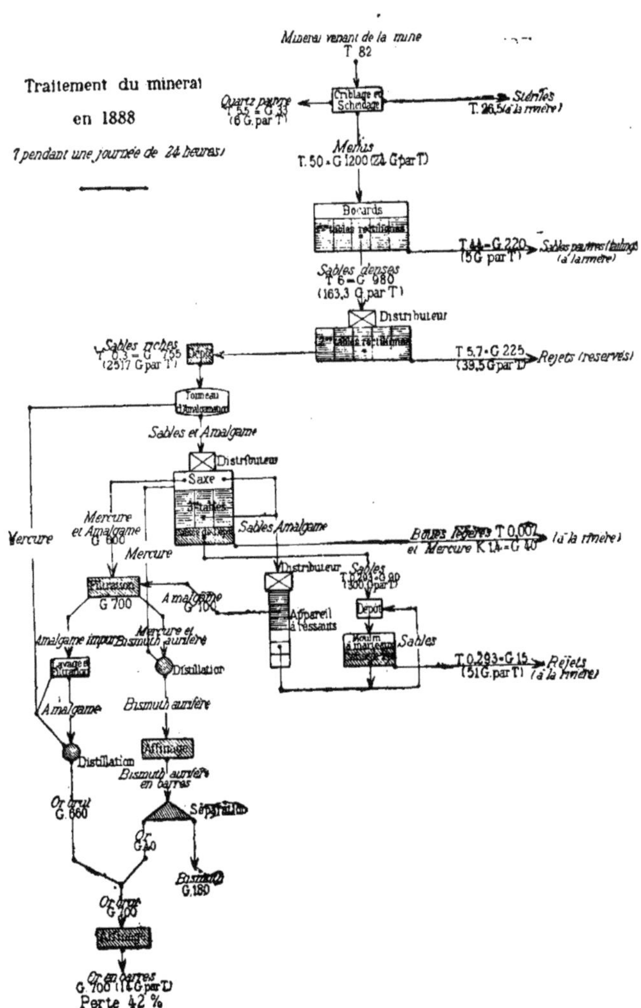

Traitement du minerai en 1888 (pendant une journée de 24 heures)

PLANCHE I

Echelle pour ces trois figures : $\frac{1}{250}$

LÉGENDE
(fig. 9)

1. Halle de criblage et triage.
2. Moulin de 24 pilons brésiliens.
3. Moulin de 32 pilons brésiliens.
4. Atelier des pans.
5. Moulin de 10 pilons californiens.

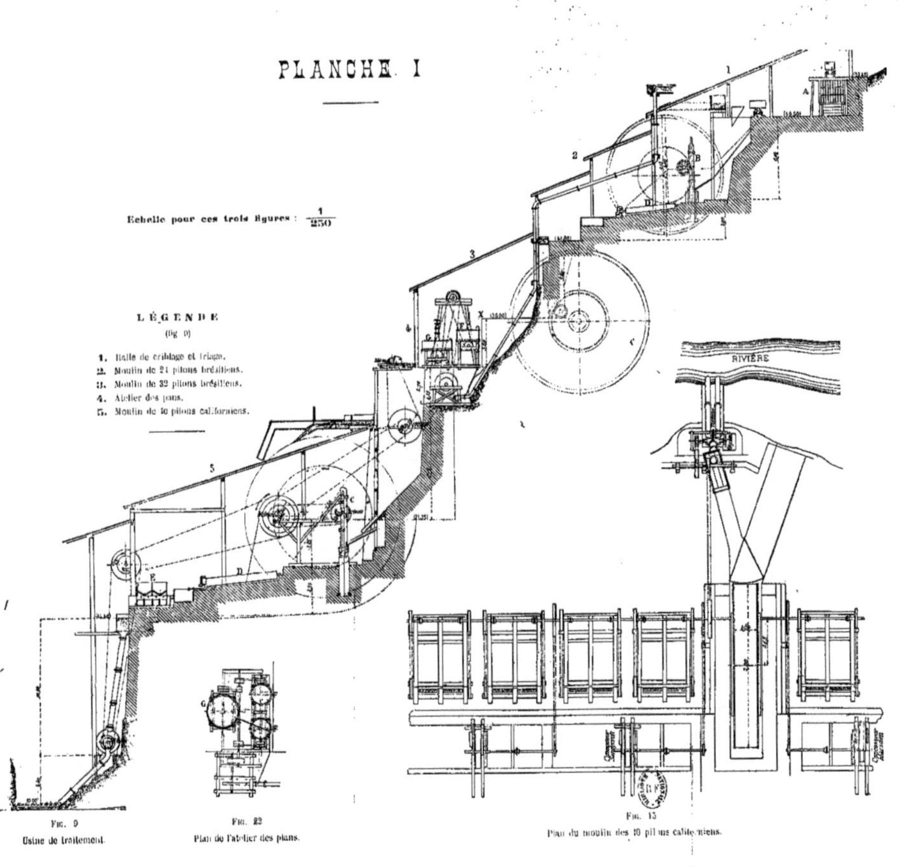

Fig. 9
Usine de traitement.

Fig. 23
Plan de l'atelier des pans.

Fig. 13
Plan du moulin des 10 pilons californiens.

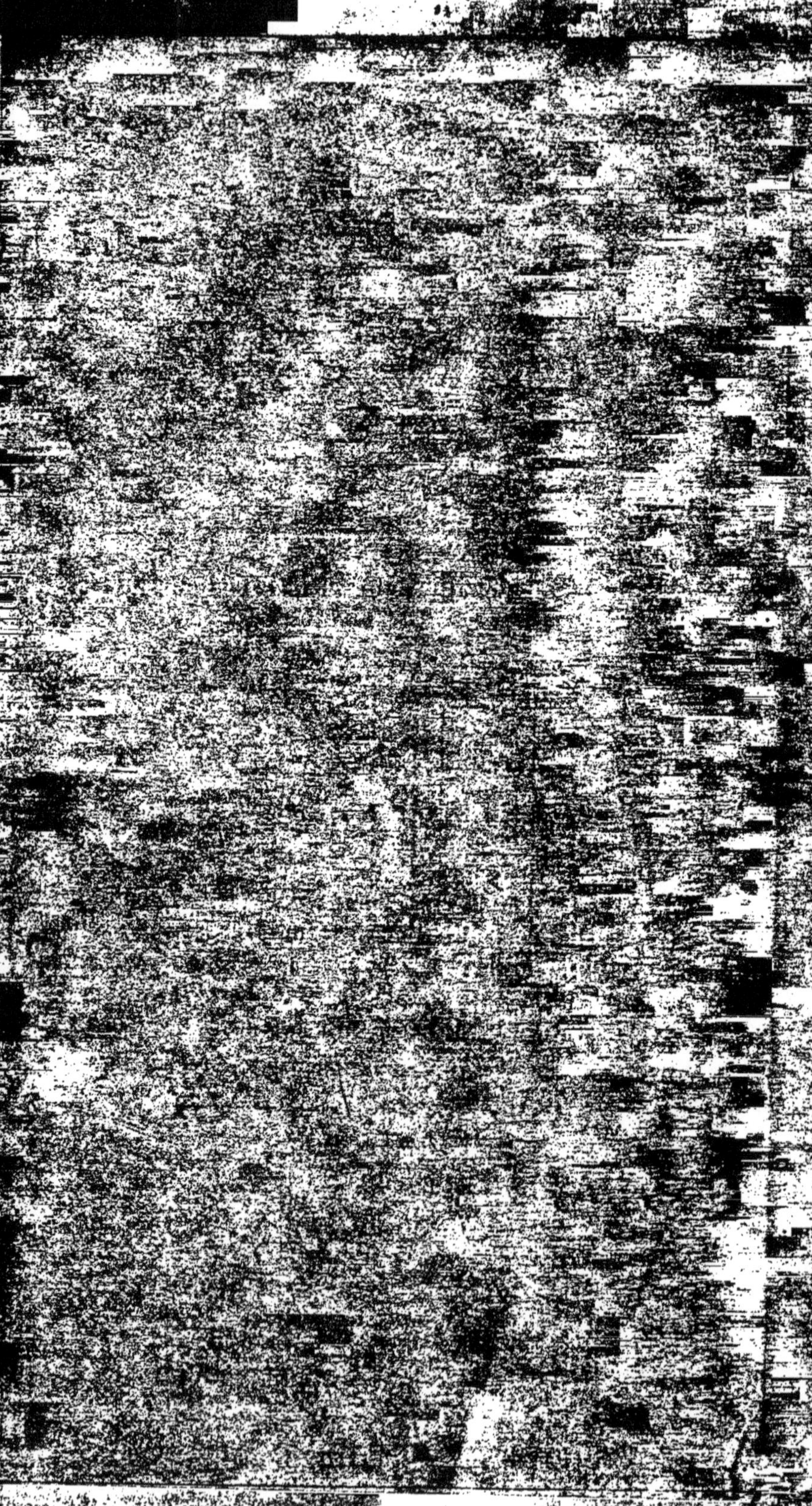

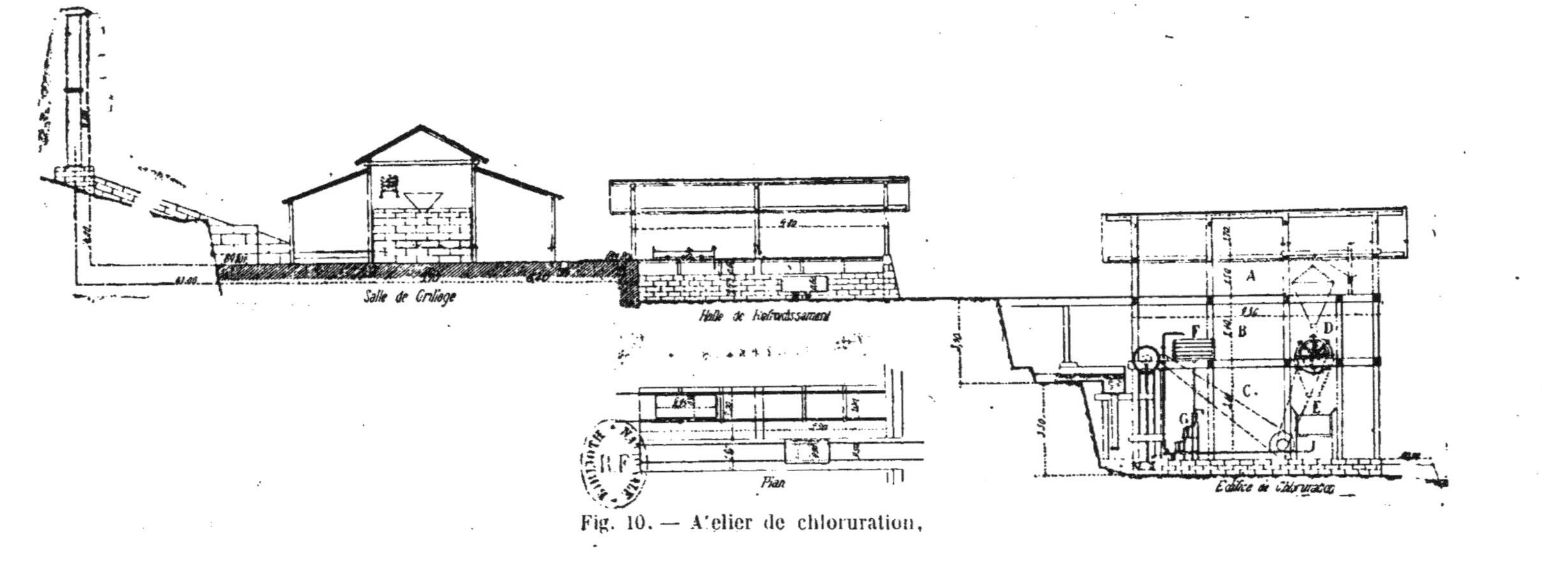

Fig. 10. — A'elier de chloruration.

des eaux de la rivière du Carmo (1). Pour ne pas placer l'usine
en un point trop éloigné des bouches de sortie de la mine, on a
commencé par entailler la roche au niveau de la plate-forme et
au-dessous, afin d'y établir les premiers ateliers de préparation
mécanique ; on a pu, du reste, utiliser en partie les emplacements
déjà préparés antérieurement pour les ateliers de l'ancienne
Compagnie ; mais, dans la suite, le développement des travaux
ayant nécessité la création de nouveaux ateliers, on a dû ouvrir
de grandes tranchées dans la roche pour y trouver leur logement
(figure 8, page 7). Aujourd'hui l'usine comprend quatre étages
situés à des niveaux divers entre la plate-forme et la rivière
(fig. 9, pl. I). L'étage supérieur n. 1 comprend la halle de criblage
et de triage (*paiol*), à la cote (50^m,50) au-dessus de la rivière ;
puis viennent successivement, au-dessous, les trois étages de
préparation mécanique, contenant chacun un moulin à bocards
(*stamp-mill*) avec les appareils de lavage, de manière à utiliser
les mêmes eaux motrices, qui passent ainsi d'un étage à l'autre,
avant de se jeter dans la rivière. A l'étage n. 2, situé à la
cote (41^m,60), se trouve un moulin de 24 pilons, mû par une
roue à augets en bois, et des tables rectilignes de lavage. A l'étage
n. 3, à la cote (30 mètres), il existe un moulin de 32 pilons, mû
également par une roue à augets en bois, et des tables rectilignes ;
à ce même étage, on trouve, en outre, les concasseurs, les moulins
à marteaux (*hammer-mills*), l'atelier des pans, l'atelier d'amalgamation, l'atelier de lavage à la batée et le four de distillation.
A l'étage n. 4, à la cote (14^m,40), se trouve un moulin de 40
pilons, mû par une roue à augets toute en fer, aidée par une
turbine placée en contre-bas de l'atelier ; à ce même niveau sont
établies de nombreuses tables rectilignes, et accessoirement deux
appareils mécaniques destinés à faire des essais pour une
meilleure concentration des pyrites : une table inclinée de
Castelnau et une table à secousses de Frue, dite *Frue-Vanner*.

L'atelier de chloruration, établi postérieurement aux précédents, se trouve, au contraire, au-dessus de la plate-forme
d'arrivée du minerai, à la cote de (69^m,80) pour le four de
grillage, et les sables concentrés que l'on y traite, sont amenés
de l'étage inférieur n. 4 à ce niveau par un petit plan aérien
(fig. 10).

(1) Voir la figure 4.

XIII

DESCRIPTION DES APPAREILS ET MOTEURS

1° PRÉPARATION MÉCANIQUE. *Cribles*.— Le criblage s'exécute sur des cribles à grilles inclinées (A, fig. 9, pl. I), disposés au nombre de sept le long et au-dessous de la voie ferrée d'amenée du minerai. Chacun de ces cribles est formé de barreaux de fer rond de 0^m,035 de diamètre, avec 0^m,10 d'écartement d'axe en axe, inclinés de 40° sur l'horizontale.

Concasseurs. — Le broyage se fait à deux degrés : le concassage des gros et le bocardage des menus. On emploie pour le concassage deux concasseurs à mâchoire, l'un du type Blake Marsden, l'autre du type Sandycroft, tous deux mesurant à la bouche 0^m,40 sur 0^m,24 et pouvant broyer par heure de 5,5 à 6 mètres cubes, à la grosseur de 16 centimètres cubes, en faisant 250 tours par minute (figs. 11, 12 et 13, pages 55 et 56).

Bocards.— Le bocardage s'effectue au moyen de trois moulins dont deux sont du système brésilien et un du système californien.

Les moulins brésiliens, l'un de 24 pilons, l'autre de 32, sont disposés chacun, en deux séries, de part et d'autre de la roue motrice et par batteries de quatre pilons en chaque série. Leur disposition diffère peu de celle de l'ancien moulin Gallois (B, fig. 9, pl. I). Leur flèche est en bois dur du pays, le plus souvent de *jacaranda-tão*, de section carrée de 0^m,15 de côté, et d'une hauteur de 4 mètres ; le taquet et les guides sont en fer, le sabot est en fer du pays, fabriqué par le procédé direct des *cadinhos* (1), et a la forme d'un prisme droit rectangulaire, surmonté d'un épi qui permet de l'introduire dans la tige, à laquelle il est fixé au moyen de deux frettes posées à chaud (fig. 14, page 57).

---

(1) Méthode brésilienne du traitement direct des minerais de fer dans de petits fours à manche. (Voir la description dans le *Génie Civil*, t. IV, n. 4, p. 55.)

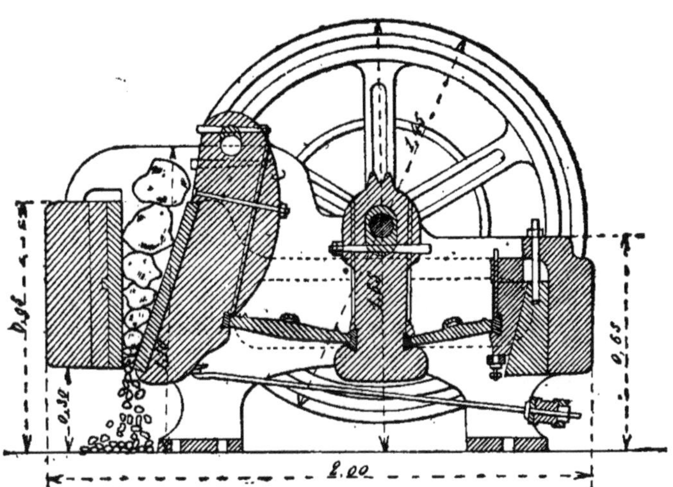

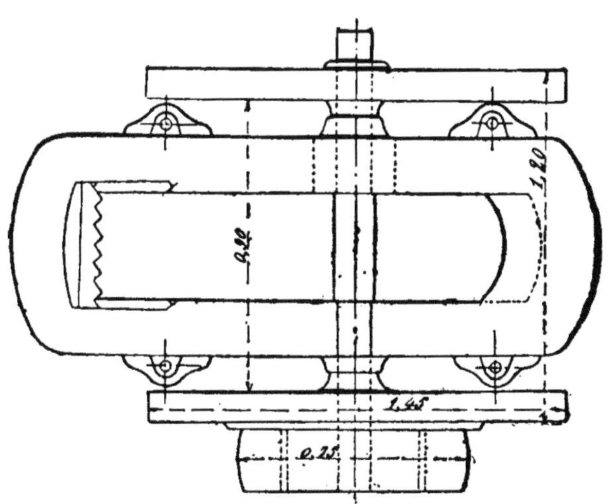

Figs. 11 et 12. — Coupe verticale et plan du concasseur,
type Blake Marsden.

Le poids d'un semblable pilon se décompose ainsi :

Flèche en bois.............. 100 kilogrammes
Sabot en fer................   90   »
Ferrures accessoires   80   »

Poids total.......... 270 kilogrammes

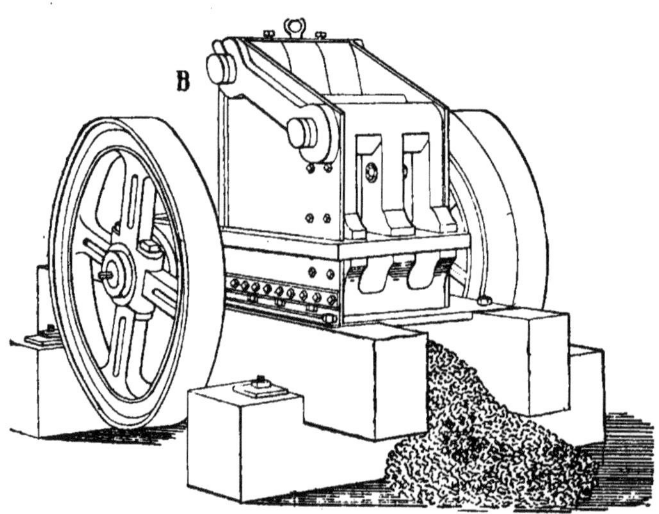

Fig. 13. — Vue d'ensemble du concasseur, type Sandycroft.

Ces pilons sont soulevés par des cames fixées, au nombre de 6 pour chacun, à la circonférence d'un arbre en bois de 0^m,60 de diamètre, supporté par un bâti en bois : chaque arbre, un par série, reçoit son mouvement de la roue motrice, au moyen d'un pignon, placé à l'une de ses extrémités, engrenant intérieurement avec une roue dentée appliquée de chaque côté du moteur. La rotation de l'arbre à cames étant de 10 tours par minute, un pilon donne donc 60 coups à la minute ; sa levée est de 0^m,20.

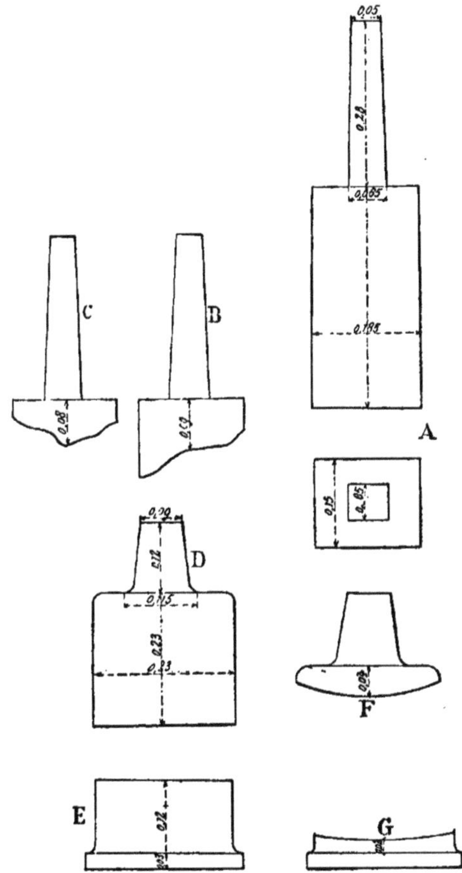

Fig. 14. — Sabots et dés de pilons.

Echelle : 1/10

LÉGENDE

Sabots en fer : A, neuf ; B, demi-usé ; C, usé.
Sabots et dés en acier : D, E, neufs ; F, G, usés.

Les pilons travaillent dans des mortiers en bois, reposant sur un grillage de poutres couchées, noyées dans la maçonnerie des fondations ; le fond des mortiers est rempli de quartz blanc pilé par les pilons eux-mêmes marchant primitivement à vide. Chaque mortier reçoit une batterie de 4 pilons, travaillant dans l'ordre 2, 4, 3, 1, et sur ses faces antérieure et postérieure sont les grilles, inclinées de 10° sur la verticale, par où s'échappent les sables ; ces grilles sont faites de feuilles de cuivre perforées à raison de 20 trous de 0,4 millimètres de diamètre par centimètre carré. L'alimentation d'une batterie se fait au moyen d'un couloir incliné en bois, qui relie le réservoir à minerai à la partie supérieure du mortier ; cet appareil reçoit une secousse brusque à l'avant, quand le pilon central du mortier vient à frapper, par l'intermédiaire de son taquet, sur une tige verticale, qui s'y rattache, et un demi-ressort de voiture, fixé à l'arrière, le renvoie en avant immédiatement après le choc, produisant ainsi un mouvement saccadé, qui permet la décharge lente et régulière du minerai dans la batterie ; le mouvement doit être tel que la charge se maintienne constamment avec la même épaisseur de 2,5 centimètres au-dessus de la couche de quartz du fond du mortier. Les roues motrices des deux moulins sont des roues en dessus à augets : celle des 24 pilons a un diamètre de $9^m,15$ et une largeur de $1^m,80$ avec une profondeur d'augets de $0^m,30$; celle des 32 pilons a un diamètre de $12^m,20$ et une largeur de $1^m,80$ avec la même profondeur d'augets de $0^m,30$.

Le moulin californien comprend 40 pilons en fer, du type Sandycroft, disposés en deux séries de 20 de part et d'autre de la roue motrice, par batteries de cinq pilons (fig. 15, pl. I et fig. 16). Sans entrer dans les détails de la description de ces pilons, qui sont suffisamment connus, je me contenterai de signaler les points principaux du type employé et les heureuses modifications introduites pour faciliter les manœuvres et éviter des arrêts fréquents. Le pilon est composé d'une tige ronde en fer forgé, de $0^m,08$ de diamètre, avec tête en fonte dure de $0^m,40$ de hauteur ; le sabot en acier spécial, rarement en fer du pays, ainsi que le dé sur lequel il frappe, ont le même diamètre que la tête, et une hauteur de $0^m,23$ pour le sabot et de $0^m,12$ pour le dé (D, E, fig. 14) ; le taquet est en acier fondu comme la double came qui le soulève. Le pilon a une longueur totale de 4 mètres, sabot non compris (C fig. 9, pl. I). Son poids total est de 363 kilogrammes ainsi répartis :

Tige en fer..................	127	kilogrammes
Taquet en acier.............	64	»
Tête en fonte...............	89	»
Sabot en acier..............	83	»
Poids total.........,	363	kilogrammes

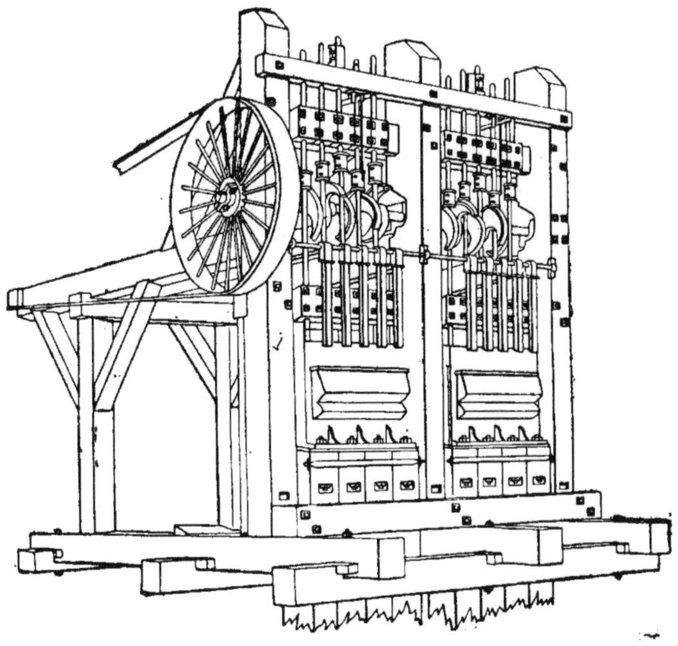

Fig. 16.— Batteries de pilons californiens du type Sandycroft.

La levée est de $0^m,20$; il donne 80 coups par minute. Chaque batterie comprend cinq pilons travaillant dans l'ordre 2, 4, 5, 3, 1, et l'alimentation se fait par le même procédé que pour les pilons brésiliens. Les mortiers, en fonte, sont à décharge par la face antérieure, qui reçoit deux toiles métalliques appliquées l'une contre l'autre et inclinées à 10° ; celle qui se trouve à l'intérieur est une toile à grosses mailles en fil de fer servant à protéger la toile fine contre le choc direct des éclats de pierres ; on emploie pour cela une toile n. 12 à 4 mailles par centimètre carré, avec trous de 3,5 millimètres d'ouverture et fils de 1,5 millimètre de grosseur ; à l'extérieur, on a une toile en laiton n. 31 à 186 mailles par centimètre carré avec trous de 1/2 millimètre d'ouverture et fils de 1/4 millimètre de grosseur. La face postérieure est disposée pour recevoir des plaques de cuivre amalgamé, mais il n'en est pas fait usage.

Le bâti des mortiers est fait de montants jointifs, de 3 mètres de hauteur et de 0^m,35 d'équarrissage, reliés entre eux au moyen de forts boulons. Des supports en bois placés à l'arrière des pilons servent à les suspendre au-dessus du mortier pour une réparation quelconque. Les batteries sont disposées de manière à marcher indépendamment les unes des autres : chacune a son arbre à cames propre, avec poulie reliée par une courroie à la poulie correspondante de l'arbre moteur principal ; cette dernière est liée à un embrayage qui permet de la rendre folle ou fixe à volonté sur l'arbre, de sorte que par un simple mouvement de levier, on peut arrêter une batterie de cinq pilons, tandis que les autres continuent à fonctionner. La roue motrice est en fer. C'est une roue en dessus à augets de 12 mètres de diamètre et de 1^m,80 de largeur, avec une épaisseur de couronne de 0^m,30. Elle transmet son mouvement aux deux arbres moteurs principaux au moyen d'engrenages intérieurs, et, comme la quantité d'eau disponible est à peine suffisante pour actionner 30 pilons, elle est secondée par une turbine horizontale qui utilise la hauteur de chute de l'eau à sa sortie de la roue jusqu'au niveau de la rivière. Cette turbine transmet sa force à l'un des arbres moteurs au moyen de courroies de transmission, et l'on a ainsi un excès de force disponible, que l'on utilise pour actionner les concasseurs, placés à l'étage supérieur, au moyen de transmissions par courroies.

Tables de lavage. — Les tables employées sont des tables dormantes rectilignes, de deux espèces : les tables à retournement (*revolving strakes*) et les tables à toiles (*plannenheerd*). Elles ont toutes une largeur de 0^m,50 et une longueur qui varie de 4^m,50 à 5^m,50.

Les tables à retournement ont la forme d'un prisme triangulaire, supporté par deux tourillons à ses extrémités et incliné de $1/12$ sur l'horizontale (figs.17,18 et 19, p. 62). Ces prismes sont faits en fortes planches et leurs tourillons en bois dur ; ils reçoivent sur leur surface latérale de minces planches, entaillées sur une face de rainures parallèles à filet carré de $3^{mm},5$ de profondeur et à égal intervalle les unes des autres, disposées transversalement à la longueur du prisme, pour mieux retenir les sables lourds ; des rebords de 3 centimètres, placés le long des arêtes du prisme, empêchent l'eau de déborder sur les côtés. Ces tables sont employées uniquement pour la concentration des sables à leur sortie des bocards (D fig. 9, pl. I); elles sont rangées sur une même ligne devant et en contre-bas des mortiers d'une série de bocards et groupées par paires dans un couloir incliné avec passage réservé pour le laveur entre deux couloirs voisins ; une conduite en bois, placée à la tête de chaque table, amène les eaux chargées de sables, tandis qu'à la queue, un morceau de cuir fait communiquer la table avec le conduit vertical d'écoulement. Le nombre de ces tables est de 10 pour le moulin des 24 pilons, de 16 pour le moulin des 32 et de 40 pour le moulin des 40.

Les tables à toiles mobiles servent à retenir les sables qui ont échappé à la première concentration, ou à concentrer de nouveau les sables déjà lavés. Ces derniers sont, pour cela, versés dans des auges de distribution (*passadores*), placées en tête, à raison d'une auge pour deux tables (figs. 20 et 21, p. 63). Ces distributeurs sont des caisses en bois rectangulaires, à fond formé de deux plans inclinés, ayant eux-mêmes une inclinaison de l'arrière à l'avant ; deux conduites en bois placées sur les rebords de la caisse servent à amener l'eau nécessaire au lavage ; celle de l'arrière verse dans la caisse un mince filet d'eau qui entraîne peu à peu le sable par l'ouverture ménagée sur la face antérieure au pied des plans inclinés, tandis que celle de l'avant dirige un courant d'eau, au moyen de conduits verticaux, dans un couloir longitudinal placé en tête des tables, un peu en contre-bas des trous d'écoulement des caisses. Les tables sont formées d'une surface plane en planches, inclinée à $1/12$, divisée dans sa largeur par des tringles triangulaires en bois, à intervalles de $0^m,50$ les unes des autres ; sur chaque table on étale une

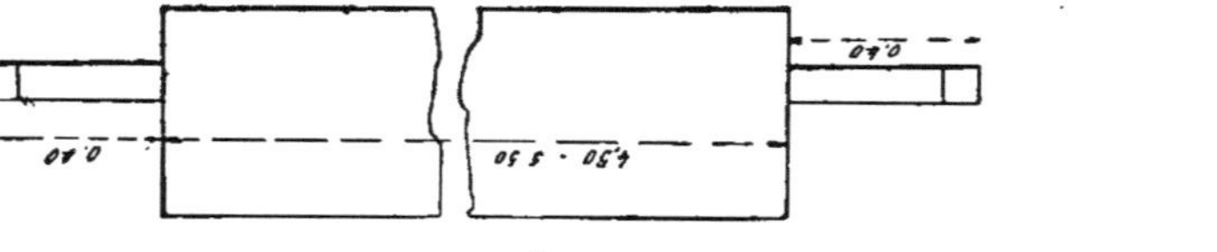
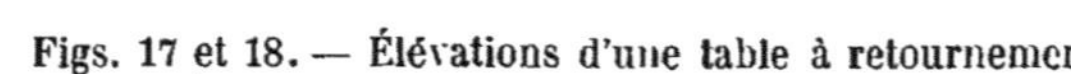

Figs. 17 et 18. — Élévations d'une table à retournement.

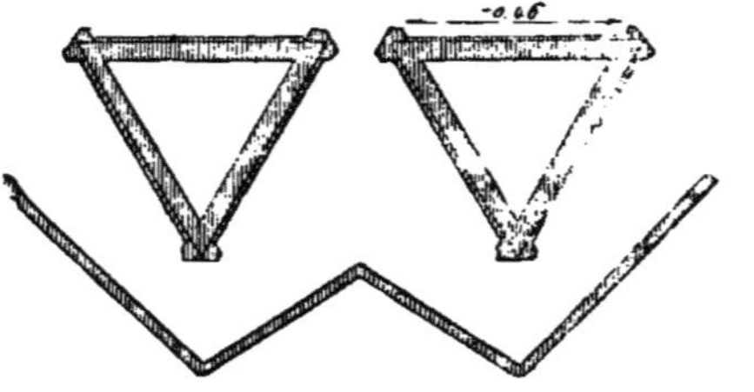

Fig. 19. — Coupe de tables à retournement.

série de toiles, destinées à augmenter l'adhérence des sables, et
que l'on peut retirer à volonté pour en détacher le dépôt ; un
orifice ménagé dans le couloir, en tête de chaque table, sert à
déverser lecourant d'eau et de sables sur elle, et en queue se

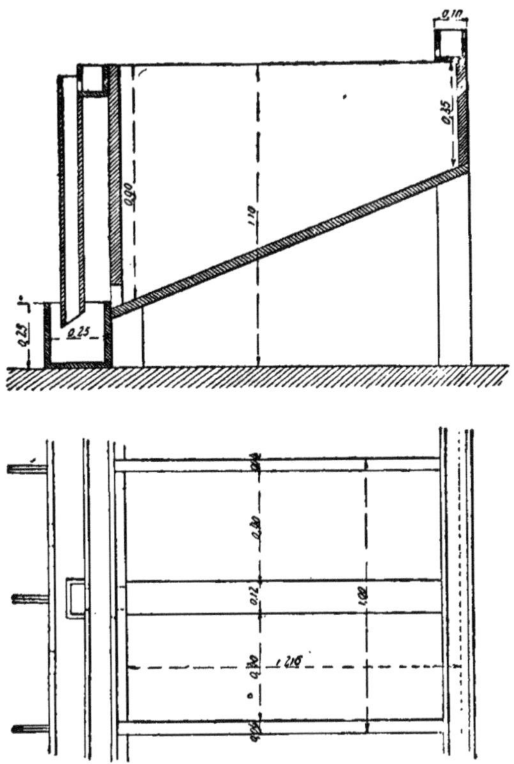

Figs. 20 et 21. — Coupe et plan d'une auge de distribution.

trouve un réservoir en bois, où se déposent les sab'es fins
entraînés par l'eau qui s'échappe ensuite par un déversoir.

Après leur passage sur les tables à retournement, les eaux
chargées de sables fins sont dirigées directement par un conduit

sur les tables à toiles, sans l'intermédiaire d'une auge de distribution. Au moulin des 24 pilons, il y a ainsi 10 tables à toiles et 2 auges avec 4 tables ; au moulin des 32, 17 tables à toiles et 5 auges avec 10 tables ; au moulin des 40, 10 tables à toiles et 12 auges (E fig. 9, pl. I) avec 24 tables. Il y a, en outre, au moulin des 40 pilons, 40 tables à toiles servant également à retenir les sables fins, mais les toiles, au lieu d'être mobiles, sont fixes sur les tables, et l'on en détache le dépôt au moyen de balais de jonc.

Pans. — Les pans servent ici uniquement à produire une pulvérisation plus complète des sables, afin de permettre une nouvelle classification par lavage (F fig. 9 et 22, pl. I). Ils se composent d'une cuve cylindrique en fer, dont le fond se relève au centre et s'ouvre pour livrer passage à un axe vertical de rotation recevant son mouvement d'une roue d'engrenage conique, placée en-dessous de la cuve ; dans le fond repose une meule annulaire en fonte, sur laquelle se meut une meule semblable fixée à une armature métallique que l'on visse à volonté sur l'axe, de manière à faire varier l'intervalle entre les deux meules ; l'épaisseur de chacune d'elles est de 6^{mm},5 et leur largeur en couronne est de 0^m,40.

L'agitateur (*agitador*) à socs de charrue, qui reçoit les sables à leur sortie des pans, est formé également d'une cuve cylindrique en fer dans laquelle se meut un système de quatre bras fixés à un cône vissé à l'axe de rotation ; chaque bras reçoit trois agitateurs en fer se terminant au bas en soc de charrue (G fig. 9 et 22, pl. I). A leur suite sont établies 4 tables à toiles mobiles, sur lesquelles passent les eaux chargées de sables. L'ensemble de ces appareils comprend deux pans et un agitateur, placés sur un côté de l'atelier des 32 pilons et recevant leur mouvement d'une roue Pelton de la force de 12 chevaux, dont l'eau motrice est amenée par un tube en fonte, du niveau de la plate-forme supérieure, pour s'écouler ensuite par un conduit dans le canal d'alimentation des 40 pilons.

2° AMALGAMATION. *Tonneaux d'amalgamation et saxes.* — L'amalgamation se fait dans deux tonneaux de Freiberg, animés d'un mouvement de rotation autour de leur axe horizontal

(A fig. 23 et fig. 24, p. 66). Ces tonneaux sont en bois consolidé par deux plaques de fond en fonte portant les tourillons ; à une de leurs extrémités, une roue dentée engrène avec la roue motrice commune aux deux (B fig. 24), et, pour interrompre le mouvement d'un tonneau, il suffit de manœuvrer un levier qui fait glisser latéralement le palier portant le tourillon voisin de l'engrenage (C fig. 24). Une auge de distribution, placée au-dessous du tonneau (D figs. 23 et 24), reçoit le mélange de sables et d'amalgame, qu'elle verse ensuite lentement dans le saxe pour la séparation (E figs. 23 et 24).

Le saxe (figs. 25, 26 et 27, p. 67) se compose d'une caisse

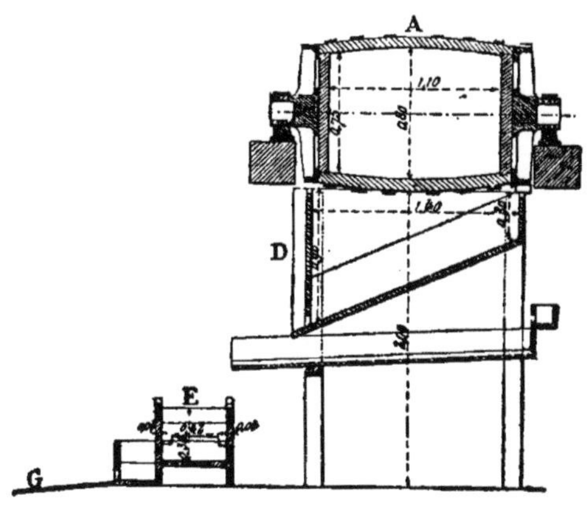

Fig. 23. — Coupe longitudinale des appareils d'amalgamation.

rectangulaire en bois E, divisée en trois compartiments, dans lesquels viennent se loger respectivement trois prismes rectangulaires en bois, fixés au-dessous d'un chariot-porteur F, formé d'un cadre reposant sur deux essieux, dont les roues se meuvent sur des bouts de rail en fer plat, appliqués sur les rebords longitudinaux de la caisse. Ce chariot est animé d'un mouvement de va-et-vient horizontal, de 0^m,10 d'amplitude, au moyen d'une bielle et d'une manivelle, qui le relient à l'arbre moteur des tonneaux ; les prismes sont tous munis de dents en fer, à leur base, et le prisme central est percé en son milieu d'un trou en forme d'entonnoir carré pour l'introduction du mélange de sables et d'amalgame, qu'entraîne un fort courant d'eau dans le compartiment central de la caisse ; deux déversoirs permettent

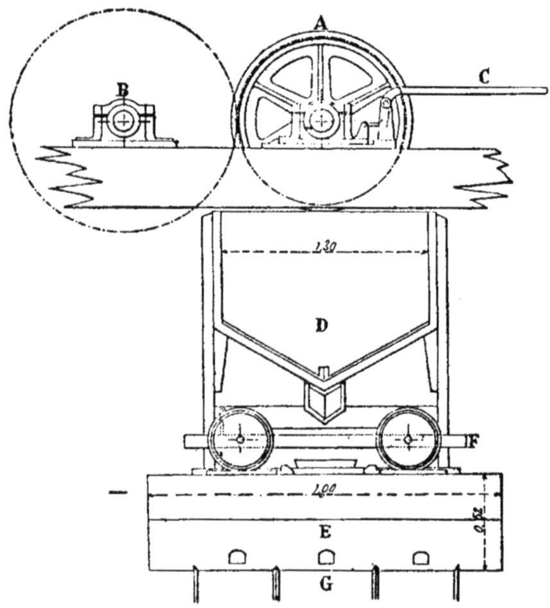

Fig. 24. — Élévation des appareils d'amalgamation.

à ce compartiment de communiquer avec les deux extrêmes possédant chacun une ouverture de sortie sur l'un des grands côtés de la caisse, à une courte distance du fond ; un couloir longitudinal court le long de la caisse et présente trois ouvertures débouchant respectivement sur une table à toiles mobiles (G figs.23

et 24); au pied des tables existe un réservoir de dépôt avec
déversoir. L'ensemble des appareils d'amalgamation comprend
donc deux tonneaux de Freiberg, deux auges de distribution,
deux saxes et six tables dormantes, le tout disposé sur l'un des
côtés du moulin des 32 pilons, avec l'arbre moteur relié, au moyen
d'une transmission par courroie, à l'arbre à cames correspondant.

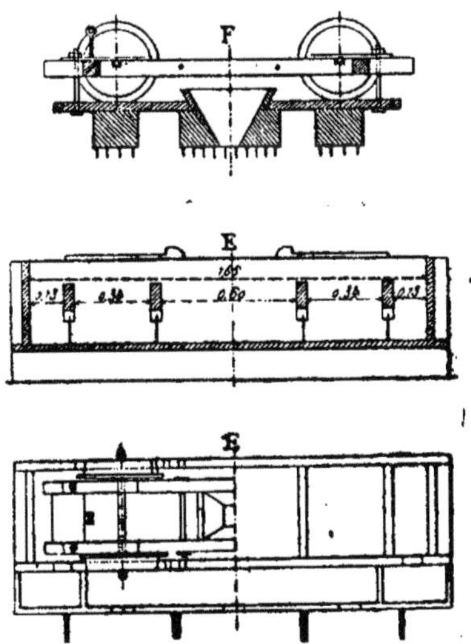

Figs. 25, 26 et 27. — Coupes et plan du saxe et du chariot-porteur.

Batée. — Le lavage à la batée se fait avec des batées en
bois de *vinhatico*, ayant la forme d'un cône très obtus de 0ᵐ,60
de diamètre et de 0ᵐ,15 de hauteur.

Moulins à marteaux. — Les moulins à marteaux (*hammer-
mills*) sont des pilons en bois fonctionnant comme de petits
martinets, dont la tête, munie d'un sabot en fer carré de 0ᵐ,15
de côté, bat dans une large auge en bois sur un dé carré,

également en fer ; le poids d'un sabot est de 50 kilogrammes, celui d'un dé de 25 kilogrammes. Ils servent à pulvériser à un degré plus fin une partie des sables déjà passés aux tonneaux, et, par la présence d'un peu de mercure qui barbote dans les auges, on retient une grande partie de l'or mis à découvert. A leur suite sont des caisses de dépôt, où s'accumulent les sables qui s'échappent très lentement des auges. Ces moulins sont au nombre de deux, dans l'atelier des 32 pilons ; ils sont disposés par batteries de cinq en deux séries, l'une de 20 marteaux, l'autre de 10 ; le poids de la partie frappante de chaque marteau est de 80 kilogrammes, l'arbre à cames est muni de 3 cames en bois par marteau, et le nombre de coups par

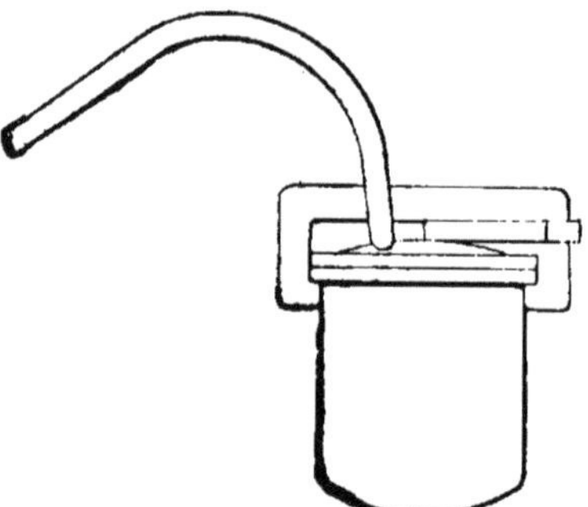

Fig. 28. — Cornue de distillation.

minute, varie de 30 à 35 avec une levée très faible de 0m,10 ; la profondeur des auges est de 1 mètre, et l'eau sort par un orifice latéral à 0m,50 du fond, de sorte que le sabot baigne constamment dans l'eau ; ces appareils reçoivent leur mouvement par une prise de force sur les arbres à cames des 32.

Cornues de distillation. — Pour la distillation, on se sert de cornues cylindriques en fonte, avec couvercle en forme de disque légèrement bombé (fig. 28), d'où part un tube en fer recourbé auquel on visse un second tube droit en son prolongement ;

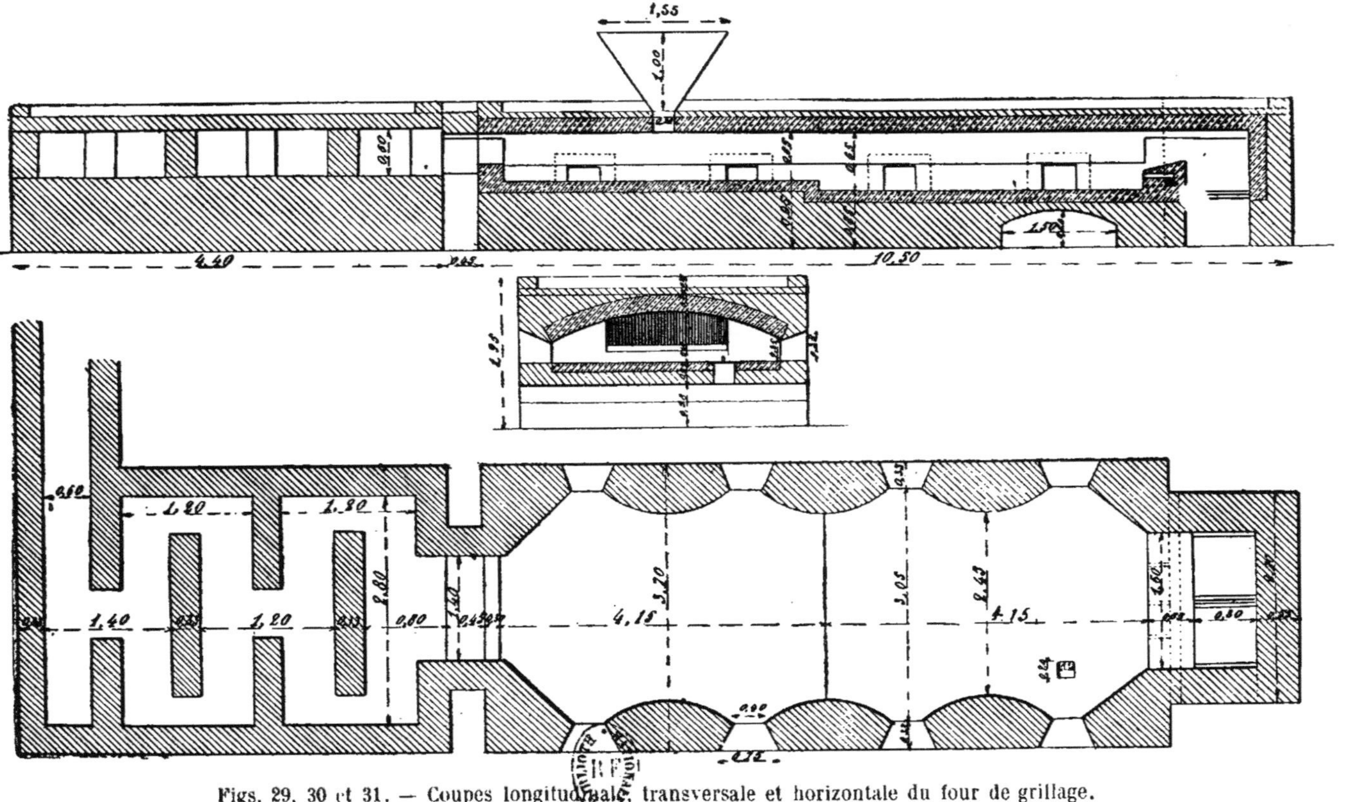

Figs. 29, 30 et 31. — Coupes longitudinale, transversale et horizontale du four de grillage.

une armature en arc vient se prendre sous le rebord de la cornue et, par l'introduction d'un coin de fer entre la bride et le couvercle, on obtient une fermeture hermétique. La distillation s'effectue en chauffant chaque cornue dans un four formé d'un simple foyer à grille. Un four à trois foyers existe pour cette opération à l'étage du moulin des 32 pilons.

3° CHLORURATION. — L'atelier de chloruration est, comme nous l'avons dit, complètement indépendant des précédents, au-dessus de la plate-forme d'arrivée du minerai. Il se compose de trois parties : la halle des fours de grillage, la halle de refroidissement des sables et l'édifice de chloruration et précipitation (fig. 10).

Fours de grillage. — La halle des fours de grillage, simple hangar recouvert de tôle ondulée, comprend deux fours à reverbère à deux soles, disposées en prolongement l'une de l'autre, avec foyer construit pour brûler du bois : un petit four qui a servi dans le principe pour les essais en grand du procédé, et un grand four actuellement seul en service régulier.

Le petit four a ses deux soles rectangulaires, avec une même largeur de $2^m,15$ et une longueur de $1^m,80$ pour la plus éloignée du foyer et de $2^m,10$ pour la plus proche ; il existe une différence de niveau de $0^m,10$ d'une sole à l'autre, et une seule porte de travail pour chacune d'un seul côté du four ; le foyer rectangulaire a $1^m,10$ sur $0^m,50$.

Le grand four a ses deux soles avec la largeur uniforme de $3^m,05$ et la même longueur de $4^m,15$ pour chacune, avec la différence de niveau de $0^m,10$ de l'une à l'autre (figs. 29, 30 et 31). De chaque côté du four, il existe quatre portes de travail, deux par sole, et de petits carneaux, ménagés au nombre de trois dans l'autel, pour l'entrée d'air, quand les portes sont fermées ; son foyer a $1^m,60$ sur $0^m,80$. A la suite du four se trouvent une fosse, où tombent les poussières entraînées, et le massif des chambres de condensation, divisées par des cloisons transversales alternativement ouvertes aux extrémités ou en leur milieu, puis le rampant, d'une longueur de 40 mètres, qui épouse la pente de la montagne (un tiers environ) et vient aboutir à une cheminée faite de deux tubes en fer boulonnés l'un sur l'autre, d'un diamètre de 0ᵐ,50 et d'une hauteur totale de 7 mètres (fig. 10). Pour le chargement des sables de grillage, une trémie est disposée au-dessus d'un orifice pratiqué dans la voûte du four au milieu de la sole la plus éloignée du foyer ; pour le déchargement des sables grillés, un conduit vertical est ouvert à travers l'autre sole en face d'une des portes voisines du foyer, directement au-dessus d'une voûte faite dans le massif du four pour permettre l'introduction d'un wagonnet en tôle de fer.

Aire refroidisseuse. — La halle de refroidissement, simple hangar ouvert à tous les vents, comprend une plate-forme dallée de 9ᵐ,50 de longueur sur 3 mètres de largeur, placée à 0ᵐ,50 en contre-bas du niveau des fours. Une ligne ferrée, à voie de 1 mètre, partant du grand four, court au-dessus de l'aire dallée sur toute sa longueur, et une autre ligne, à voie de 0ᵐ,60, placée sur le côté à 1 mètre en contre-bas de cette aire, relie la halle à la chloruration (fig. 10).

Installation de la chloruration. — L'édifice de chloruration et de précipitation est divisé en trois étages, où sont répartis les divers services : d'un côté se trouve, à l'étage supérieur (A fig. 10), une trémie pour le chargement des sables dans le tonneau de chloruration, placé à l'étage moyen (B fig. 10), et, directement en dessous de celui-ci, une seconde trémie pour déverser le mélange du tonneau dans la cuve de filtration, placée à l'étage inférieur (C fig. 10) ; de l'autre, une pompe, établie au bas, sert à élever la dissolution de chlorure à l'étage moyen dans une cuve de réception, pour la faire passer ensuite dans les trois barillets de précipitation disposés en gradins à l'étage inférieur. Une turbine d'axe vertical, placée à une extrémité de l'édifice, sert à actionner les divers appareils au moyen de transmissions par engrenages et par courroies. La trémie de chargement, à laquelle vient aboutir la voie ferrée, se manœuvre au moyen d'un treuil, de manière à amener son bord supérieur au niveau du plancher, tandis que le fond pénètre dans l'ouverture centrale du tonneau.

Tonneau de chloruration. — Le tonneau de chloruration est semblable à celui de l'amalgamation, et est animé d'un mouvement de rotation horizontal autour de son axe (D figs. 32 et 33, page 72 et 34, page 73) ; il est recouvert intérieurement d'une couche de peinture métallique rouge, pour éviter une précipitation prématurée de l'or au contact de matières organiques. La trémie de déversement placée au-dessous est fixée invariablement aux poutres du plancher.

Bac de filtration. — Le bac de filtration est une cuve rectangulaire, en bois, munie d'un double fond (E figs. 32, 33 et 34) ; le fond supérieur, faisant l'office de filtre, repose sur deux traverses en bois et se compose d'un grillage en bois de trois centimètres d'épaisseur, d'une feuille de plomb percée de trous de 1/2 millimètre de diamètre, d'un nouveau grillage en bois dont les intervalles sont remplis de quartz blanc en grains, de la grosseur d'une noisette, et, finalement au-dessus, d'une couche de 1 centimètre d'épaisseur de quartz fin. Du fond inférieur de la cuve part le tube d'aspiration de la pompe, chargé de refouler la liqueur de filtrage jusque dans la cuve de réception (F figs. 32 et 33). Le bac et la cuve sont tous deux recouverts d'un badigeon rouge.

Barillets de précipitation. — La cuve de réception est semblable à la précédente, mais de moindre capacité, avec un simple fond d'où part le tube d'amenée de la liqueur au barillet supérieur de précipitation. Ces barillets, au nombre de trois (G figs. 32 et 33), sont disposés sur un échafaudage en gradins et reliés l'un à l'autre par un bout de tube recourbé, faisant communiquer le fond de l'un avec le couvercle de l'autre ; le dernier, au bas, a son tube qui se prolonge au dehors. Chacun de ces barillets est en bois peint en rouge et cerclé de bronze avec un diamètre de 0^m,15 et une hauteur de 0^m,30 ; le fond est percé de trous de 2 millimètres et recouvert d'une toile fine permettant à la liqueur de filtrer et de passer ainsi de l'un à l'autre. La turbine, qui sert à mettre en mouvement le tonneau et la pompe, utilise une chute d'eau de 3^m,50 par une prise latérale faite sur le canal d'amenée des eaux motrices de l'usine ; après leur action, les eaux s'écoulent dans un canal inférieur, qui va rejoindre la conduite principale à un niveau plus bas.

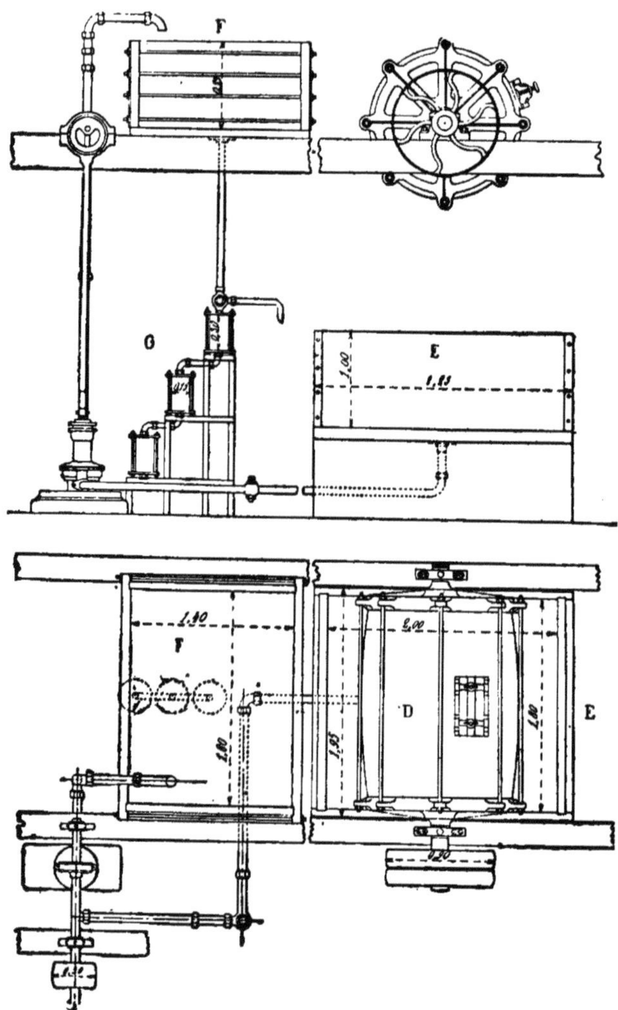

Figs. 32 et 33.— Élévation et plan des appareils de chloruration

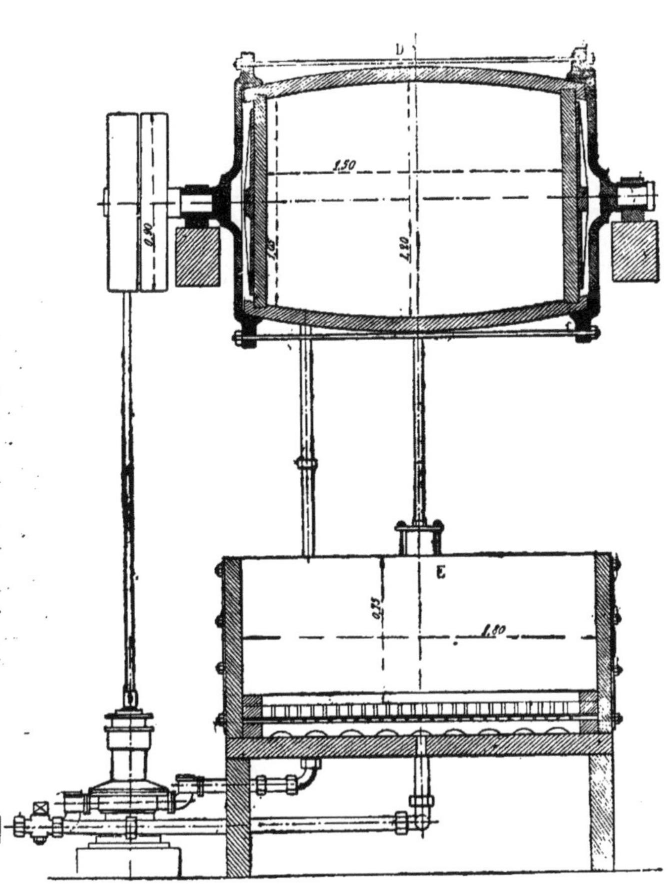

Fig. 34. — Coupe des appareils de chloruration.

XIV

MARCHE DES OPÉRATIONS

1° PRÉPARATION MÉCANIQUE. *Classification.* — Au sortir
de la mine, le minerai tout-venant est dirigé vers la halle
de triage par les receveurs du jour, qui déversent les
wagonnets au-dessus des divers cribles à grille, permettant de
séparer les gros des menus assez abondants. On obtient ainsi
deux classes de produits, soumis séparément à un triage des
fragments stériles : les gros sont jetés à la main par les manœuvres, hommes et gamins, dans des wagonnets en fer, qui
circulent le long d'une ligne ferrée, de 0^m,70 de voie, établie au
milieu de la halle ; les menus sont chargés par des femmes dans
de petites *carombés*, caisses en bois de forme évasée, qu'elles
remplissent à l'aide d'un houe (*enxada*) et portent ensuite sur
la tête pour déverser leur contenu dans les trémies de chargement
des moulins. Ces trémies sont des caisses en bois, de la forme
d'un prisme couché, munies d'une porte fermée par un levier à
la partie inférieure de la face verticale ; leur capacité est de
1 tonne et, lorsqu'elles sont pleines, il suffit de manœuvrer
le levier pour faire couler leur contenu dans les réservoirs
d'alimentation des moulins. On les a disposées sur une même
ligne, du côté opposé aux cribles, pour alimenter les bocards
brésiliens, au nombre de 4 (2 par réservoir) pour le moulin des
24, et de 6 (3 par réservoir) pour le moulin des 32. Les gros, qui
servent à alimenter les bocards californiens, sont envoyés
d'abord aux concasseurs ; les hommes vont, pour cela, déverser
le contenu des wagonnets dans un couloir en planches, situé en
dehors de la halle de triage, et afin de faciliter cette manœuvre,
on emploie des wagonnets spéciaux formés d'un truck en fonte,
monté sur roues (fig. 35), sur lequel repose la caisse munie de
deux bras courbes armés de dents d'engrenage, qui permettent
de l'incliner sur son cadre, quand le crochet d'attache placé à
l'arrière est défait ; le déversement se fait à l'avant, et pour
éviter que la caisse ne prenne une trop forte inclinaison, une

chaîne de sureté limite sa course ; ces caisses sont fourrées
intérieurement de planches dans le fond et sur la face inclinée,
pour amortir les chocs des gros morceaux, au moment du
chargement ; leur capacité est de 1 tonne. Les stériles sont
accumulés dans un coin de la halle et ensuite chargés à leur
tour dans les wagonnets, pour aller les déverser par un
couloir dans la rivière. Le personnel du triage travaille
seulement de jour ; il est placé sous les ordres d'un surveillant,
chargé de pointer le nombre de trémies de menus et de
wagonnets de gros qui est passé en vingt-quatre heures.

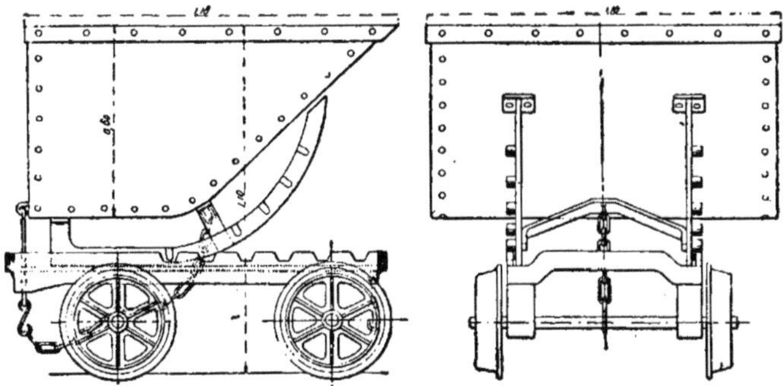

Fig. 35. — Wagonnet basculant.

Concassage. — Les gros sont soumis au concassage avant de
passer au broyage : accumulés dans un réservoir spécial, on les
charge dans des wagonnets, qui circulent sur une voie ferrée
parallèle aux concasseurs, pour les desservir à tour de rôle. On
verse sur un plan incliné le contenu des wagonnets, que deux
ouvriers, placés de chaque côté du concasseur en fonction,
amènent peu à peu entre les mâchoires à l'aide d'une houe, et
les produits tombent à l'état de grains de la grosseur d'une
noix dans les réservoirs d'alimentation situés en dessous. Grâce
à la rapidité de la marche et à la puissance de ces concasseurs,
l'opération dure à peine quelques heures par jour ; aussi les
deux ouvriers employés à ce travail font-ils en outre d'autres
services accessoires.

Bocardage. — Tout le minerai amené à l'état de menus passe ensuite au broyage dans les moulins à bocards. Les réservoirs d'alimentation, disposés au nombre de deux par moulin, ont une capacité telle qu'ils peuvent suffire largement à la consommation journalière des pilons. Les couloirs inclinés, qui amènent le minerai dans chaque batterie, fonctionnent automatiquement de manière à maintenir dans le mortier une couche à peu près constante de $2^{cm},5$ d'épaisseur ; l'eau y est introduite en même temps par des tubes en fer, à raison de 18 à 24 litres par minute et par flèche. Il n'est pas introduit de mercure ni de plaques de cuivre amalgamé dans les mortiers ; on vise uniquement à faire le broyage du minerai, sans chercher à retenir dans les bocards une partie de l'or contenu. Malgré cela, quand on fait chaque mois le nettoyage des mortiers en fonte, on trouve, mêlée au minerai en partie broyé et aux détritus que le hasard a amenés dans ces caisses, une certaine quantité d'or en pépites et en petits morceaux martelés ; par un lavage à la batée, on sépare l'or, assez abondant du reste, puisqu'il représente en moyenne 10 °/₀ de l'or contenu dans le minerai traité aux bocards californiens.

Lavage sur les tables. — Le minerai sort du mortier à l'état de grains fins, entraînés par l'eau à travers les toiles métalliques, et passe dans un conduit en bois qui se subdivise pour répartir la lavée entre les diverses tables à retournement (1res tables). Dans les rainures des tables se déposent les sables denses, pyriteux, tandis que les sables légers (*tailings*) sont emportés par l'eau dans un conduit en bois placé à la queue des tables. Toutes les 20 minutes, un gamin retourne successivement les tables, en leur faisant faire une rotation de 120°, de manière à présenter au courant une surface propre, tandis qu'armé d'une lance, il lave le dépôt de la précédente, que le jet d'eau entraîne par un conduit dans une cuve de dépôt spéciale. On a ainsi deux classes de sables : les sables denses et les sables légers (*tailings*).

Les sables denses sont soumis à un second lavage sur des tables dormantes à toiles mobiles (2es tables) : un ouvrier va puiser les sables dans la cuve et les verse dans une auge de distribution, où un mince filet d'eau les entraîne peu à peu, tandis qu'un fort courant d'eau, évalué environ à 100 litres par minute et par auge, les saisit à leur sortie et les emporte sur les deux tables correspondantes. Les sables riches se déposent sur les toiles, tandis que les fins vont s'accumuler alternativement dans l'une des deux caisses de dépôt établies au bas des tables et que les eaux emportent les résidus pauvres à la rivière. Des femmes sont chargées de relever toutes les heures les toiles des tables, qu'elles vont laver dans une cuve spéciale pleine d'eau, et de les remplacer par d'autres. Ces sables riches sont soumis à l'amalgamation que nous étudierons postérieurement.

Pulvérisation. — Les sables fins, extraits des caisses de dépôt sont envoyés aux pans pour être soumis à une pulvérisation plus complète : on verse à la pelle 500 kilogrammes de sables dans le pan avec la quantité d'eau suffisante pour former une pulpe légèrement mielleuse. Le pan se meut à raison de 60 tours par minute, et la meule mobile est posée à frottement sur la meule fixe, de manière à produire l'écrasement complet des sables ; il en résulte une certaine usure des meules, au point que l'épaisseur est réduite à moins de 2 centimètres au bout de 2 mois ; il faut, à ce moment, pourvoir à leur remplacement. Au bout de 6 heures, la charge des deux pans est versée d'un coup dans l'agitateur, en ouvrant le robinet du fond, et on les lave avec un excès d'eau. Les sables sont maintenus en suspension dans la cuve de l'agitateur par le mouvement de ses bras verticaux, qui tournent à raison de 8 à 10 tours par minute, et la lavée s'écoule lentement par un orifice latéral pratiqué en haut de la cuve, pour se diriger sur les tables rectilignes (3ᵉˢ tables), à toiles mobiles, tandis qu'un courant d'eau propre arrive dans la cuve pour diluer de plus en plus les sables ; seulement, l'écoulement de la lavée étant un peu plus rapide que l'introduction de l'eau pure, son niveau s'abaisse lentement dans la cuve et il faut, au bout d'un certain temps, ouvrir le second orifice d'écoulement, inférieur au premier, et faire ainsi de suite, jusqu'à ouvrir celui du fond, qui achève de vider l'agitateur. Ce travail se réalise en 6 heures, de sorte qu'au bout de ce temps, la cuve est prête pour recevoir une nouvelle charge des pans. La lavée qui passe sur les tables y dépose ses sables les plus lourds, tandis que les résidus pauvres sont emportés à la rivière par les eaux. Le dépôt des toiles est lavé d'heure en heure par des femmes, qui l'accumulent dans une caisse de dépôt.

Lavage des tailings. — Les sables légers (*tailings*), qui n'ont pas été retenus sur les premières tables à retournement, sont dirigés à leur sortie sur de nouvelles tables (4ᵉˢ tables) à toiles fixes, qui retiennent les sables plus lourds, tandis que les eaux entraînent les rejets à la rivière.

Les dépôts des tables sont balayés toutes les demi-heures par des gamins, qui interrompent, successivement sur chacune des tables, le passage des sables, pour y substituer un courant d'eau pure, qui, sous l'action combinée du balai, emporte les sables concentrés dans une cuve de dépôt.

Les dépôts des troisièmes et quatrièmes tables, extraits de leurs cuves respectives et égouttés, sont chargés dans des sacs et envoyés par le plan aérien à la chloruration.

La préparation mécanique se trouve, en ce point du traitement, pour ainsi dire terminée. On est arrivé, par criblage, broyages et lavages successifs sur les tables, à deux qualités de sables, qui vont être soumis à un traitement métallurgique différent, les sables riches à l'amalgamation, les sables concentrés à la chloruration.

2° AMALGAMATION. *Amalgamation directe.* — Les sables riches provenant des toiles des deuxièmes tables rectilignes sont traités par amalgamation directe dans les tonneaux de Freiberg. On charge dans un tonneau :

          Sables riches............... 1.000 kilogrammes
          Mercure.....................   50   »

on ajoute ensuite de l'eau en quantité convenable, de manière à remplir presque complètement le tonneau : avec peu d'eau, l'amalgamation se fait rapidement, mais le mercure se divise et s'échappe au lavage ; avec trop d'eau, l'amalgamation se fait mal. La charge est introduite par l'ouverture centrale au moyen d'une trémie, puis, la porte fermée avec une vis, on imprime au tonneau un mouvement de rotation autour de son axe, à raison de 16 tours par minute. Au bout de 18 à 20 heures, l'opération est généralement achevée ; on le vérifie en faisant une preuve d'essai à la batée : tant que l'on trouve une parcelle d'or libre dans les fonds de batée, on prolonge l'opération, et lorsqu'il n'apparaît plus d'or visible, signe que l'amalgamation est complète, on verse le contenu du tonneau dans le distributeur placé au-dessous et l'on procède à la séparation de l'amalgame au moyen du saxe.

Pour cela, on fait couler lentement le mélange par un conduit en bois, qui dirige le liquide dans l'ouverture centrale du chariot, animé d'un mouvement de va-et-vient continu à raison de 12 oscillations doubles par minute. Un mince filet d'eau entraîne peu à peu la masse, qui, à sa sortie de l'auge, est saisie par un courant d'eau, de 150 litres par minute, destiné à la diluer ; elle tombe dans le compartiment central du saxe, préalablement rempli de mercure, de manière que les dents du prisme central viennent effleurer la surface de la couche. L'amalgame, plus dense que le mercure, tombe au fond, tandis que le mélange de sable et d'eau, plus léger, flotte au-dessus et s'échappe par les deux déversoirs latéraux, pour passer dans les compartiments extrêmes ; la lavée appauvrie y dépose une certaine quantité de sables lourds, avec un peu de mercure et d'amalgame entraînés, et sort ensuite par un orifice pratiqué à chaque extrémité du saxe un peu au-dessus du fond, pour se répartir en trois courants qui passent sur les tables à toiles (5es tables). On retient ainsi sur les toiles une nouvelle quantité de sables lourds avec du mercure, tandis que les sables légers viennent s'accumuler dans les caisses de dépôt placées à la queue des tables, et quelques boues légères emportées par l'eau sont entraînées à la rivière. La charge de mercure versée dans le saxe est de 200 kilogrammes ; la majeure partie de l'amalgame y est retenue, mais, sous l'action du courant, malgré les obstacles interposés sur le passage de la lavée pour l'obliger à déposer le plus possible le mercure entraîné, une certaine quantité de mercure et même d'amalgame se trouve emportée avec les boues dans la rivière. Le saxe fonctionne pendant 8 heures pour passer toute la charge d'un tonneau et il alterne avec ce dernier, qui ne travaille que deux jours l'un ; au reste, il n'y a jamais qu'un tonneau ou un saxe en travail. Des femmes sont chargées de remplacer les toiles des tables toutes les heures, et des ouvriers déchargent alternativement les deux caisses de dépôt, à mesures qu'elles se trouvent remplies.

Après chaque opération, on vide le saxe : on accroche le chariot à un câble passant sur une poulie et soutenant à l'autre bout une caisse à contrepoids, de manière qu'un léger effort de l'ouvrier suffit pour faire monter le chariot, qu'on maintient en l'air par un contrepoids additionnel ajouté dans la caisse. On procède alors au nettoyage en commençant par écrémer le mélange d'eau et de sables qui subsiste à la surface du mercure dans le compartiment central, ainsi que les dépôts de sables et mercure accumulés dans les compartiments extrêmes ; ensuite on puise le mélange de mercure et d'amalgame pour le porter à l'atelier de lavage à la batée.

Lavage à la batée et seconde trituration. — Le mélange impur sortant du saxe, ainsi que le dépôt des cinquièmes tables contenant toujours une grande quantité de mercure et d'amalgame, est lavé à la batée par des femmes dans un atelier de lavage spécial, sous l'œil d'un surveillant. Le mercure et l'amalgame séparés sont joints au reste, tandis que les sables passent aux moulins à marteaux (*hammer-mills*), pour être triturés de nouveau en présence d'une petite quantité de mercure qui barbote dans les auges. Sous le choc répété des marteaux, les sables se réduisent en farine, et l'or mis à découvert est saisi par le mercure, qui forme peu à peu un amalgame spécial, excessivement dur, à 35 % d'or, tandis que sous l'action d'un faible courant d'eau envoyé dans les auges, les sables appauvris se déversent par un orifice pratiqué à mi-hauteur en chacune d'elles, et se déposent en totalité dans des caisses de dépôt installées à leur suite. On verse le mercure à deux reprises chaque jour dans les diverses auges, en moyenne 200 grammes pour les 30 marteaux, et tous les mois on fait leur nettoyage : on passe leur contenu sur des cribles pour retenir les morceaux d'amalgame, ainsi que les détritus de toutes sortes apportés par l'eau ; le reste va à la batée pour en séparer le mercure et l'amalgame, tandis que les sables recommencent le cycle, en passant de nouveau aux moulins à marteaux. Les sables accumulés dans les caisses de dépôt à la suite de ces moulins, ainsi que ceux provenant des caisses de dépôt du saxe, sont convenablement égouttés et soumis à un traitement ultérieur par chloruration.

Filtrations. — L'amalgame dissous dans un excès de mercure est filtré à travers une poche de coton. Cet amalgame, retenu sur le filtre, contient un excès de mercure et se trouve souillé de quelques impuretés ; aussi est-il lavé dans un mortier avec un peu d'eau chaude et de savon, et finalement filtré dans une peau de chamois. Pour cela, on en forme des boules que l'on comprime encore chaudes dans la peau et, en les frappant avec un petit battoir, on fait exsuder le mercure en excès. On produit ainsi des boules d'amalgame dur de 5 centimètres de diamètre, contenant de 40 à 45 °/₀ d'or.

Distillation. — Les boules d'amalgame sont placées ensuite dans une cornue de fonte pour être distillées : on enduit préalablement l'intérieur de la cornue d'un peu de cendres, pour empêcher l'or de se coller aux parois, puis les diverses boules sont placées les unes sur les autres, au nombre de 12, faisant une charge de 10 kilogrammes. On ferme la cornue, que l'on place dans le foyer, on y adapte le tube droit en fer, que l'on fait reposer sur un conduit en bois dans lequel coule constamment de l'eau froide, et l'on plonge le bec du tube de quelques centimètres dans un seau plein d'eau. Chauffant lentement jusqu'au rouge sombre, on produit la distillation du mercure, qui se condense dans le tube et tombe au fond du seau. On recueille le mercure provenant de la filtration à travers la peau de chamois et celui de la distillation, pour une nouvelle opération au tonneau avec une petite quantité additionnelle de mercure pour compléter la charge.

Affinage. — L'or brut, qui a conservé la forme des boules, est retiré de la cornue et soumis à l'affinage dans un creuset de plombagine avec une petite quantité de nitre et de borax comme fondants, puis coulé en barres dans une lingotière de fonte préalablement enduite de noir de fumée, pour éviter l'adhérence de l'or. La barre est finalement décapée avec un pinceau imbibé de dissolution nitrique pour lui donner une belle couleur. On prépare ainsi des barres de 0ᵐ,18 de longueur, de 0ᵐ,045 de largeur et 0ᵐ,04 d'épaisseur, pesant en moyenne 5 kilogrammes. Ces barres sont au titre de 911 millièmes, les principales impuretés étant l'argent et le bismuth.

L. M. G.—11

Purification du mercure. — Le mercure provenant de la première filtration entraîne avec lui diverses matières minérales, qui, plus solubles que l'amalgame d'or, passent à travers le tissu de coton ; la plus importante de toutes est le bismuth, qui forme un amalgame ternaire de mercure, bismuth et or. Aussi, pour débarrasser le mercure de ses crasses, qui le rendent moins sensible, fait-on quatre fois par mois sa distillation complète : le mercure purifié est envoyé à nouveau dans le saxe, avec le complément de mercure neuf pour parfaire la charge, et le résidu de la distillation, qui comprend un alliage de bismuth et d'or avec d'autres impuretés, est affiné pour obtenir une barre de bismuth aurifère, à 24 % d'or. La séparation de l'or et du bismuth se fait en Angleterre, où l'on expédie les barres, soit par coupellation, soit par tout autre procédé permettant une séparation complète des deux métaux.

3° CHLORURATION. — Les sables concentrés, provenant des 3es et 4es tables, ainsi que les sables accumulés dans les caisses de dépôt des saxes et des moulins à marteaux sont soumis à un traitement chimique par chloruration.

Grillage. — Ces sables sont chargés dans des sacs et amenés au-dessus du four de chloruration par le plan aérien et par une voie ferrée qui relie la tête du plan à la trémie de chargement du four. On remplit la trémie, dont la capacité de 600 litres correspond à une charge du four, et en ouvrant le registre, tout le sable tombe sur la sole la plus éloignée du foyer. La charge varie de 900 à 1 000 kilogrammes ; elle occupe sur la sole une épaisseur de 5 à 6 centimètres, et, au bout de huit heures, elle passe sur l'autre sole, où elle demeure pendant une égale période de temps. Sur la première sole, les sables supportent une dessication et un commencement de grillage, de manière à éliminer déjà une partie du soufre, environ 20 % ; sur la seconde, on achève le grillage, afin de brûler tout le soufre et l'arsenic et de peroxyder complètement le fer ; on obtient ainsi à la fin de l'opération, des sables grillés composés de quartz et de peroxyde de fer avec l'or métallique.

On constate la disparition complète du soufre par le procédé
suivant : on fait une prise d'essai des sables grillés pris en
divers points de la seconde sole, on verse dessus de l'eau
bouillante, puis on filtre et on ajoute dans la liqueur quelques
gouttes de ferro-cyanure de potassium. Si elle prend une
coloration bleue, c'est un indice qu'il subsiste encore du soufre
dans les sables, à l'état de sulfure de fer passé dans la dissolution
aqueuse ; on doit alors prolonger le grillage. Si, au contraire,
la liqueur reste incolore, on considère le grillage comme terminé.
L'opération doit être conduite avec soin en maintenant sur la
sole de grillage la température du rouge ; malgré cela, on ne
peut arriver à éliminer complètement l'arsenic et, comme nous
le verrons, il se forme toujours de l'arséniate de fer, qui subsiste
dans les sables grillés ; il ne gêne au reste pas le traitement
chimique, à condition de prendre certaines précautions.

Les ouvriers, au nombre de deux par poste de huit heures,
sont occupés à faire des râblages, principalement sur la sole de
grillage, afin d'empêcher les grains de se fritter et partant de
s'agglutiner en formant des noyaux qui se grillent imparfaite-
ment ; ils travaillent chacun d'un côté du four et, dans l'intervalle des râblages, ils conservent les portes fermées, l'air
entrant en quantité suffisante par les fissures et par les carneaux
ménagés dans l'autel. Une charge demeure dans le four durant
seize heures, huit heures sur chaque sole ; au bout de ce temps,
on procède au déchargement en introduisant un wagonnet en
fer sous la voûte de la sole et, après avoir enlevé avec un
ringard la plaque qui ferme le petit puits vertical, on fait peu
à peu tomber toute la charge de sables grillés, de couleur rouge
lie de vin. Le wagonnet est ensuite amené au-dessus de l'aire
de refroidissement, sur laquelle on verse la charge en ouvrant
l'un de ses côtés et en l'inclinant légèrement. Les poussières,
entraînées par les flammes qui se sont déposées dans la fosse
placée entre le four et les chambres de condensation, sont
jointes aux sables grillés ; les dépôts des chambres et du
rampant, en partie composés de poussières arsénieuses, ne font
l'objet d'aucun traitement.

On consomme en moyenne 3,3 stères de bois par tonne de
sables traités, ou 10 stères en vingt-quatre heures. Les sables
grillés conservent à peu près le volume des sables crus, mais le

poids est réduit aux deux tiers ; on compte, en effet, que trois tonnes de sables crus donnent deux tonnes de sables grillés. Au bout de deux heures après leur sortie du four, ils sont suffisamment refroidis pour être soumis à la chloruration.

Dissolution par le chlorure de chaux. — On charge les sables grillés dans un wagonnet métallique, de capacité correspondant à une tonne, qui vient s'accoter au quai de l'aire de refroidissement, pour les porter à la chloruration.

Le chargement dans le tonneau, se fait au moyen de la trémie, en y introduisant les diverses quantités de matières dans l'ordre suivant :

	kilogrammes
Sables grillés..........................	1.000
Chlorure de chaux.......................	12
Eau....................................	850
Sables grillés..........................	1.000
Acide sulfurique ordinaire..............	14

Les sables sont chargés en deux fois, la seconde couche servant à empêcher le contact immédiat du chlorure de chaux avec l'acide sulfurique, que l'on verse en dernier et après lequel on serre le plus vite possible le couvercle du tonneau pour empêcher la déperdition du chlore qui commence à se produire. Par suite de la haute pression du dégagement de chlore à l'intérieur, l'attaque se fait rapidement, activée encore par le mouvement de rotation du tonneau qui fait huit tours par minute. Au bout de quatre à six heures, suivant la richesse des sables et la grosseur des grains d'or, les réactions sont terminées, et l'on verse le contenu du tonneau dans le bac de lixiviation, où l'on fait la filtration du liquide. Au moyen de la pompe, la liqueur est aspirée à travers la couche filtrante et refoulée dans la cuve, à l'étage au-dessus, tandis qu'un jet d'eau est envoyé dans l'intérieur du tonneau pour en faire le lavage complet ; cette eau est ensuite versée dans le bac, puis on fait des lavages répétés sur les sables avec de l'eau pure, jusqu'à ce que les

dernières eaux ne donnent plus de traces d'or, ce qui se vérifie
en faisant une prise d'essai à la sortie du tube de refoulement
et y versant un peu de liqueur de sulfate de fer, la moindre
quantité d'or donnant un trouble de couleur brune. L'opération
dure environ trois heures. On laisse alors égoutter complètement les sables, puis on les décharge à la pelle dans un wagonnet
pour les porter au tas des résidus.

Précipitation. — La liqueur de chlorure d'or, préalablement
acidulée dans la cuve par une addition de 2 kilogrammes d'acide
chlorhydrique, descend peu à peu par le tube du fond dans les
barillets de précipitation, qui contiennent chacun 2 kilogrammes
de protosulfure de cuivre en poudre à grains fins de couleur gris
d'acier, faisant une épaisseur de 5 centimètres au-dessus du
fond.

Elle arrive d'abord dans le barillet supérieur n° 1, où l'or
est précipité par le cuivre du sulfure, qui passe dans la dissolution à l'état de chlorure de cuivre, puis dans le barillet n° 2,
où l'or qui a échappé à l'action du sulfure achève de se préci-
piter, et finalement dans le barillet inférieur n° 3, où les
dernières traces d'or de la liqueur se précipitent. A mesure que
la précipitation se produit, la matière se prend en masses plus
ou moins compactes, et à la fin, on obtient dans le barillet n° 1
une masse de couleur jaune-brun composée d'or et de soufre,
avec une certaine quantité de sulfure de cuivre, que l'on sépare
du reste de la poudre non attaquée. Le barillet n° 2 et surtout
le n° 3 contenant encore une grande quantité de sulfure de
cuivre, on les utilise pour l'opération suivante, en faisant
monter le n° 2 à la place du n° 1, et le n° 3 à la place du n° 2;
le barillet n° 1 vient alors occuper la place du n° 3, après avoir
reçu une nouvelle quantité de poudre neuve pour compléter sa
charge.

La durée de la précipitation est de douze heures. La consommation de sulfure par opération est en moyenne de 200
grammes et la quantité d'eau employée pour le lavage est
environ de 1 800 litres. La liqueur chlorhydrique qui sort des
barillets n'est pas utilisée, bien qu'elle ait une certaine valeur
à cause du cuivre contenu,

La précipitation se fait en liqueur acide, afin d'éviter la formation en liqueur neutre d'un précipité blanc jaunâtre d'arséniate de fer, qui augmenterait notablement les impuretés de l'or précipité (1).

Affinage. — L'affinage se fait en quatre opérations comprenant trois fusions et une coupellation. Les fusions se font dans un creuset de plombagine de $0^m,15$ de hauteur et $0^m,10$ de diamètre intérieur ; la coupellation s'exécute dans des coupelles de cendres d'os, préparées au laboratoire de manière à pouvoir coupeller des culots de 250 à 500 grammes.

1re fusion. — On charge le creuset de précipité de manière à le remplir au tiers, et l'on ajoute du borax en quantité suffisante. Après fusion, on obtient un culot d'or à $2 - 5\,^o/_o$ de cuivre, représentant environ $25\,^o/_o$ du poids du précipité, au-dessus une matte de cuivre riche en or et finalement à la surface le borax fondu.

2e fusion. — On traite la matte riche par fusion plombeuse, par addition d'une petite quantité de plomb qui sert à fixer le soufre en excès et passe dans la matte, tandis qu'on obtient un culot d'or au fond du creuset.

On charge la matte, préalablement broyée et mélangée avec du borax, puis le plomb en grains fins dans la proportion de 5 à $10\,^o/_o$ du poids de la matte. On recueille, après fusion, un culot d'or à $10\,^o/_o$ de cuivre, représentant de 10 à $15\,^o/_o$ du poids de la matte riche, et par dessus se trouvent dans le creuset une matte assez pauvre et le borax fondu.

3e fusion. — On traite la matte pauvre par fusion plombeuse pour produire un culot de plomb d'œuvre qui s'empare de l'or contenu.

Pour cela, on charge la matte broyée avec du borax et une partie du plomb, puis on verse le reste du plomb sur la masse en fusion, tandis qu'on l'agite constamment avec une baguette

---

(1) L'analyse de ce précipité blanc a été faite, au laboratoire de l'Ecole des Mines d'Ouro-Preto, par M. Carlos Thomaz de Magalhães Gomes, qui a reconnu que c'était un arséniate acide de fer.

en fer, pour faciliter le rassemblement au fond. On passe ainsi
un poids de plomb égal à 30 % de celui de la matte, et l'on
retire, par 500 grammes de matte, de 10 à 20 grammes d'or
concentré dans le culot de plomb d'œuvre. La matte épuisée
que l'on trouve au-dessus du culot est en partie utilisée comme
agent de précipitation, conjointement avec le sulfure de cuivre,
en choisissant les fragments riches en cuivre et les broyant en
poudre fine, tandis que l'on rejette les parties ferrugineuses.

Coupellation. — On fait la coupellation du plomb d'œuvre,
pour obtenir un bouton d'or pur, par les procédés ordinaires du
laboratoire.

Fusion finale. — Les divers culots et boutons d'or sont finalement fondus ensemble pour les réunir en barres d'or semblables à celles de l'amalgamation, mais dont le titre est à peine de
900 à 920 millièmes, le cuivre formant la principale impureté.

XV

CONSIDÉRATIONS TECHNIQUES SUR LE TRAITEMENT

Après avoir suivi pas à pas les diverses opérations qui
composent le traitement, le *Tableau V* (page 88) nous permet
d'embrasser l'ensemble de la méthode et, comme il est fait à la
même échelle que le *Tableau IV*, représentant le traitement
suivi en 1888, il nous est aisé de distinguer les molifications
apportées en dernier lieu à la méthode primitive. En outre,
chacun d'eux donne la quantité de minerai traitée en 24 heures
avec les différentes phases de l'enrichissement, de sorte qu'il est
possible de constater les améliorations apportées au rendement.

Pour mieux se rendre compte de ces différences, nous allons
examiner successivement les trois catégories d'opérations du
traitement.

TABLEAU V

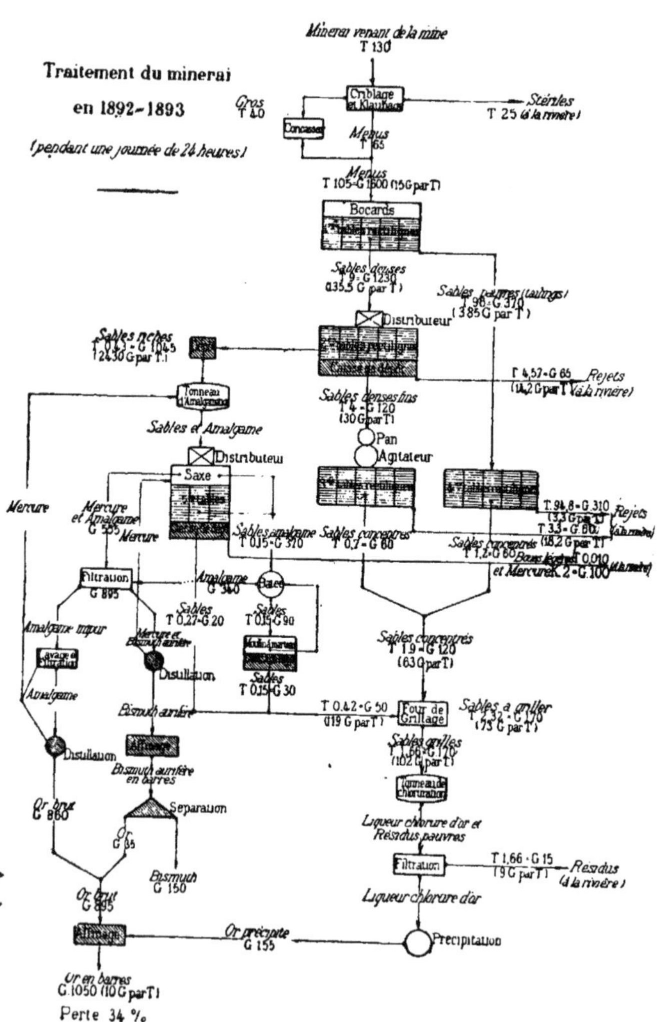

Traitement du minerai
en 1892-1893
(pendant une journée de 24 heures)
Minerai venant de la mine
T 130
Criblage et Klaubarit
Gros T 40
Stériles
T 25 (à la rivière)
Concasser
Menus 65
Menus
T 105 - G 1500 (15 G par T)
Bocards
Tables inclinées
Sables denses
G 1230 (35,5 G par T)
Sables pauvres (tailings)
T 96 - G 370 (3,85 G par T)
Distributeur
Sables nettes
T 0,43 - G 1045 (2430 G par T)
Tonneau d'Amalgame
Tables rugulises
Classes et dares
T 4,57 - G 65 Rejets
(14,2 G par T) (à la rivière)
Sables denses fins
T 4 - G 120 (30 G par T)
Sables et Amalgame
Distributeur
Pan Agitateur
Saxe
Tables rondes
Tables rondes
Mercure
Mercure et Amalgame G 555
Mercure
Sables amalgame
T 0,15 - G 370
Sables concentrés
T 0,1 - G 60
Sables concentrés (18,2 G par T)
T 94,8 - G 310 Rejets
(3,3 G par T) (à la rivière)
T 3,3 - G 60
T 1,2 - G 60 Boues légères 0,010
et Mercure 2 - G 100 (à la rivière)
Filtration G 895
Amalgame G 360
Boues
Sables T 0,27 - G 20
Sables T 0,15 - G 90
Amalgame impur
Mercure et Bismuth aurifère
Moulin Amalgame
Lavage et filtration
Sables T 0,15 - G 30
Amalgame
Distillation
Bismuth aurifère
Sables concentrés
T 1,9 - G 120 (630 G par T)
Or brut G 860
Bismuth aurifère en barres
Distillation
T 0,42 - G 50
(119 G par T)
Four de Grillage
Sables à griller
T 3,3 - G 170 (75 G par T)
Sables grillés
T 1,66 - G 120 (102 G par T)
Séparation
Or G 85
Bismuth G 150
Tonneau de chloruration
Liqueur chlorure d'or et Résidus pauvres
Or brut G 895
Filtration
T 1,66 - G 15 Résidus
(9 G par T) (à la rivière)
Affinage
Or précipité G 155
Liqueur chlorure d'or
Précipitation
Or en barres
G 1050 (10 G par T)
Perte 34 %

Préparation mécanique. — Cette partie du traitement a été notablement développée : au lieu de laisser perdre à la rivière les sables légers (*tailings*), qui n'étaient pas retenus sur les premières tables, on les concentre sur de nouvelles tables pour y retenir les pyrites, de manière à obtenir un produit assez riche pour payer les frais supplémentaires du traitement chimique. On perdait ainsi près des $9/10$ des sables, contenant encore 4 grammes d'or par tonne ; aujourd'hui, on arrive à retenir dans les concentrés une fraction de cet or, malheureusement encore faible, puisque, sur les 3^{gr},85 que tiennent maintenant les tailings, on laisse encore filer 3^{gr},3.

Autrefois on mettait en réserve les rejets des deuxièmes tables ; on les traite à présent d'une manière régulière, grâce à une pulvérisation complémentaire, qui permet de les soumettre à un nouveau lavage sur les tables et d'obtenir des concentrés assez riches pour passer au traitement chimique. A sa sortie des deuxièmes tables, la lavée tombe dans des caisses de dépôt où s'accumulent les sables fins les plus denses, tandis que les sables légers sont emportés à la rivière. Ce sont ces sables denses qui sont traités de nouveau ; malgré cela, on arrive à ne retenir sur les troisièmes tables que la moitié de l'or qu'ils contiennent l'autre moitié se perd avec les résidus tenant encore 18^{gr},2 d'or par tonne, quant aux sables légers, ils emportent aussi avec eux une certaine quantité d'or, puisqu'ils contiennent en moyenne 14^{gr},2. Ces rejets ont donc une teneur élevée, mais insuffisante pour le traitement chimique ; on recherche actuellement le moyen de les concentrer : l'emploi des tables dormantes n'ayant pas donné de résultats, il faudra recourir à d'autres appareils.

Par suite de l'augmentation du nombre des opérations destinées à l'enrichissement, on a pu supprimer les réserves de quartz pauvre et remplacer le scheidage par un simple klaubage ; il en est résulté un abaissement de teneur moyenne et une plus grande abondance de tailings, mais comme ils sont concentrés sur les quatrièmes tables, on récupère ainsi une partie de l'or contenu dans les quartz, et par la suppression du scheidage, on réalise une notable économie de main-d'œuvre.

En résumé, telle qu'était appliquée primitivement la méthode, d'une quantité de minerai bon à traiter, contenant

O. M. G. 12

1 200 grammes d'or, on perdait 500 grammes, soit 42 %, par la préparation mécanique ; actuellement, par les modifications apportées dans cette partie du traitement, on arrive à ne perdre, sur un minerai contenant 1 600 grammes, que 550 grammes, soit 34 %. Il est évident qu'il y a un progrès sensible, mais il y a encore à perfectionner la concentration des rejets, principalement celle des rejets pauvres des quatrièmes tables.

Amalgamation. — Cette partie du traitement est restée pour ainsi dire la même, par la raison que le procédé employé ne comporte que peu de perfectionnements et que l'on a surtout à lutter contre des actions chimiques nuisibles, indépendantes du procédé. A l'appareil à ressauts, on a substitué la batée pour séparer l'amalgame des sables et, dans les moulins à marteaux, on ne traite que les sables riches susceptibles de contenir encore un peu de matière amalgamable, tandis que le reste des sables passe au traitement chimique. Il est évident que ces moulins à marteaux seraient avantageusement remplacés par des pilons californiens de petit modèle, donnant un grand nombre de coups et contenant du mercure dans leurs mortiers, puisqu'on vise à réduire les sables en farine et à produire l'amalgamation au moment où, par leur cassure fraîche, les grains d'or libre sont susceptibles de s'unir plus facilement au mercure. On se contente de continuer à employer ces appareils jusqu'à nouvel ordre, quitte à les abandonner quand ils seront sur la fin de leur service.

Chloruration. — Cette partie du traitement est complètement nouvelle. La qualité du minerai complexe, en présence duquel on se trouve, ne permet pas l'emploi unique de l'amalgamation, sous peine d'avoir une perte d'or élevée : avec le minerai actuel, à 15 grammes d'or par tonne (exercice 1892-1893), sur 1 600 grammes d'or contenu, on retire par l'amalgamation simple 895 grammes, ce qui représente une perte de 44 %. Par l'introduction de la chloruration, cette perte est réduite de 1/4 ; elle tombe à 34 %. Ce traitement complémentaire diminue les pertes d'une manière notable, mais il présente l'inconvénient de tous les traitements exigeant l'emploi de réactifs chimiques spéciaux : ses frais sont élevés, ce qui ne permet de l'appliquer qu'à des

sables d'une certaine teneur : à Passagem il faut que les sables
à griller contiennent 16 grammes d'or par tonne pour couvrir
les frais spéciaux de la chloruration.

*Avantages de la chloruration en comparaison de l'amalga-
mation.* — L'or se trouvant dans le minerai sous deux états,
disséminé dans le quartz et disséminé ou combiné dans les
sulfures, on préfère ne pas prolonger l'amalgamation, qui ne
permet pas de retirer d'une manière efficace l'or des sulfures,
et, après avoir retenu l'or libre au contact du mercure, on
envoie tous les sables de l'amalgamation à la chloruration.

Par l'enrichissement des sables pauvres sur les troisièmes
et quatrièmes tables, on arrive à obtenir des concentrés,
composés en grande partie de pyrites, qui, à l'amalgamation,
ne céderaient que partiellement leur or ; comme ils sont suffisamment riches, on les passe directement à la chloruration, ce
qui simplifie leur traitement. On vise en effet actuellement à
supprimer le plus possible l'amalgamation, qui, dans ce cas, ne
peut être qu'une opération intermédiaire, toujours insuffisante
pour le but poursuivi. Avant d'entreprendre la chloruration, il
a été fait une série d'essais sur le mode d'emploi du mercure,
afin de voir si l'on pouvait réaliser sa mise au contact du
minerai dans des conditions qui permettent d'obtenir des résultats plus satisfaisants que ceux fournis par l'amalgamation au
tonneau ; tous ont échoué.

Nous allons les passer rapidement en revue et signaler les
causes d'insuccès.

Plaques de cuivre amalgamé. — On a essayé les plaques de
cuivre amalgamé, soit à l'intérieur des mortiers des bocards
californiens, soit sur les tables à la sortie des bocards. Pour
obtenir l'adhérence de l'or, il est nécessaire de maintenir la
surface de l'amalgame brillante comme un miroir ; or la décomposition partielle des sulfures contenus dans le minerai donne
lieu à des eaux acides, qui ternissent cette surface et lui font
prendre une teinte livide, de couleur jaune verdâtre, de sorte
que le mercure, dans cet état, a peu d'action sur l'or. En outre,
les grains de pyrites ont l'inconvénient de déchirer en partie

l\ couche d'amalgame, qui se détache peu à peu de la plaque. Devant ces deux causes d'insuccès, on a renoncé à l'emploi des plaques.

Barbotage du mercure dans les mortiers des bocards et dans les pans. — On a essayé également de verser une certaine quantité de mercure dans les mortiers des bocards californiens, afin de profiter de la cassure fraîche des grains d'or mis en liberté pendant le broyage pour produire plus facilement l'amalgamation. Malheureusement, diverses causes particulières encore mal définies produisent un état de division du mercure tel, qu'il se transforme en farine et s'échappe ainsi hors des mortiers, emporté par le courant d'eau ; en outre, par la présence de l'arsenic dans le minerai, il se produit un mercure noir, en poudre, dû au recouvrement des globules de mercure par l'arsenic, qui empêche tout contact avec l'or, de sorte que l'amalgamation devient impossible. Cette farine de mercure noir et terne ainsi produite ne contient pas d'amalgame, car, par un lavage à la batée, on peut rassembler les divers globules au centre, et il suffit de les comprimer avec la paume de la main pour voir suinter les gouttelettes brillantes de mercure, qui se réunissent en un gros globule, tandis qu'un dépôt noir adhère à la peau.

Le même phénomène s'est produit, quand on a essayé de faire l'amalgamation dans les pans : tout le mercure s'est divisé et transformé en une poudre noire qui était emportée avec la lavée. Aussi les pans sont-ils uniquement employés pour triturer les sables.

Au reste, ces inconvénients de l'état de division du mercure et de la production de poudre noire subsistent également, mais à un degré moindre, dans l'amalgamation au tonneau : dans le saxe, à la surface du bain de mercure, on voit flotter des particules noires et, malgré les tables et les caisses de dépôt, une portion du mercure est entraînée à la rivière avec les boues légères ; il résulte de ce chef une perte notable de mercure, évaluée journellement à 2 kilogrammes, ce qui représente 20 grammes de mercure perdu à la tonne de minerai traité.

Enfin, entre les diverses substances étrangères existantes dans le minerai qui s'unissent au mercure, il faut signaler

principalement le bismuth, qui le charge inutilement et empêche
partiellement l'amalgamation des parcelles d'or, qui seraient
amalgamables avec du mercure propre. Il oblige ainsi à faire
quatre fois par mois la purification de tout le mercure que l'on
met dans le saxe. On commence pour cela par distiller une partie
du mercure, puis, laissant refroidir, il se forme, par refroidissement du mercure liquide, des cristaux d'amalgame de bismuth
qui sont recueillis et soumis, à leur tour, à la distillation complète
pour séparer le bismuth du mercure. Comme ce bismuth contient
toujours une certaine quantité d'or, près de 25 °/₀, entraîné
avec lui sous la forme d'amalgame de bismuth aurifère très
soluble dans un excès de mercure, après la distillation on fait
l'affinage de ce bismuth, que l'on coule en lingots, envoyés en
Angleterre pour la séparation des deux métaux. Cette production
de bismuth, qui s'élève à 150 grammes par jour ou 1,4 gramme
par tonne de minerai traité, vient donc compliquer l'amalgamation et augmenter le nombre des opérations.

Pour tous ces motifs, on s'explique aisément qu'il se fasse à
la mine de nombreuses expériences dans le but de réduire
l'amalgamation et de développer, au contraire, la chloruration.
L'idéal serait de supprimer complètement l'amalgamation, mais
il y a à cela une difficulté : les sables recueillis sur les premières
tables contiennent la majeure partie de l'or natif existant dans
le minerai, or qui se présente avec une surface salie par d'autres matières minérales, de sorte que l'attaque par le chlore se
fait d'une manière incomplète, et il est nécessaire de repasser
les résidus, après filtration, dans le tonneau de chloruration. Il
en résulte que le traitement devient très coûteux à cause de la
quantité de sables à repasser et de la consommation élevée de
réactifs chimiques, tandis que ces sables, une fois débarrassés de
l'or natif par amalgamation, sont soumis à la chloruration
simple pour en retirer l'or combiné.

Le procédé de chloruration suivi à Passagem est basé sur
l'emploi du sulfure de cuivre comme précipitant. Dans les
commencements, on employait le sulfate de protoxyde de fer,
suivant la formule du procédé Newbery-Vautin primitif; on y
a renoncé à cause des difficultés que l'on a, dans ce cas, à rassembler le précipité dans les cuves. Il faut, en effet, beaucoup de
temps pour atteindre ce résultat, bien qu'on arrive à activer la

concentration du précipité en rendant la liqueur chlorhydrique fortement acide ; malgré cela, on ne peut rassembler complètement le dépôt qu'au bout de 48 heures, ce qui exige un matériel de précipitation assez important et encombrant. Par l'emploi du sulfure de cuivre, la précipitation se fait, au contraire, rapidement à travers les barillets qui occupent peu de place. On continue à aciduler la liqueur par l'acide chlorhydrique, mais en moindre quantité, uniquement pour éviter la formation d'un précipité abondant d'arséniate de fer, inévitable en liqueur neutre au contact de l'agent de précipitation. Enfin, la quantité de sulfure consommée est très faible relativement à celle de l'acide sulfurique nécessaire à la préparation du sulfate de fer que l'on fait sur place, d'autant plus que la matte épuisée, après fusion plombeuse, peut être en partie utilisée comme précipitant. Il en résulte une économie sensible sur la consommation des produits chimiques, économie que l'on peut évaluer à plus de $1/3$ comme cela ressort du *Tableau VI*.

On emploie encore quelquefois le sulfate de fer, quand le sulfure de cuivre vient, pour un motif quelconque, à faire défaut ou pour traiter certaines qualités de sables ; on évite ainsi l'inconvénient que présente le sulfure d'exiger à l'affinage plusieurs fusions successives et de donner toujours un or de titre inférieur, tandis qu'une seule fusion au borax permet de transformer le précipité d'or obtenu par le sulfate en un lingot, dont le titre est en moyenne de 980 millièmes, avec le fer métallique comme principale impureté.

On peut dire que l'on donne la préférence à l'emploi du sulfure de cuivre, à cause de la complication des manipulations dues à la préparation du sulfate et à la précipitation dans de nombreuses cuves. On a essayé de substituer le brome au chlore pour faire l'attaque des sables grillés ; on a obtenu d'excellents résultats, mais on a dû y renoncer surtout pour des considérations d'hygiène, les ouvriers ayant des difficultés énormes à travailler sous un climat chaud dans une atmosphère chargée de vapeurs de brome.

La chloruration, telle qu'on la pratique actuellement à Passagem, permet de retirer couramment 91 °/₀ de l'or contenu dans les sables concentrés ; c'est un résultat qui milite en faveur du procédé et qui justifie les recherches faites en vue de lui donner un plus grand développement.

TABLEAU VI

CHLORURATION

Comparaison des dépenses de produits chimiques par tonne de sable à griller suivant le procédé de précipitation employé.

Produits chimiques	Précipitation par le	
	Sulfate de protoxyde de fer	Protosulfure de cuivre
Chlorure de chaux..... à $900 reis le kilogramme.	4 kilogr. = 3$600 reis	4 kilogr. = 3$600 reis
Acide sulfurique ...... » $600 » » »	4,7 » = 2$800 »	4,7 » = 2$800 »
Acide chlorhydrique....» 1$500 » » »	3,34 » = 5$000 »	0,67 » = 1$000 »
Acide sulfurique (pour sulfate)............. » $600 » » »	2 » = 1$200 »	—
Protosulfure de cuivre. » 6$000 » » »	—	0,14 » = $800 »
Dépenses totales........................	12$600 reis	8$200 reis

XVI

SERVICES ACCESSOIRES

LABORATOIRE. — Le laboratoire est muni de deux fours à moufle, un grand permettant de faire des coupellations de 500 grammes d'or à la fois, et un petit pour les coupellations et calcinations ordinaires, et de deux fours à vent pour les essais et fusions.

On y exécute l'affinage des boules d'or brut provenant de l'amalgamation, les diverses fusions des masses d'or précipité de la chloruration, ainsi que les divers essais et analyses de sables et minerais.

FORGE ET ATELIER DES MACHINES-OUTILS. — Cet atelier comprend 4 feux de forge, soufflés par un ventilateur de Root, et diverses machines-outils (un tour, une machine à percer, une machine à faire les vis, etc.). On y exécute les réparations d'outils et de pièces de machines ; on y construit ou monte divers appareils métalliques et des véhicules de mine ; on y fait aussi des moulages de pièces de bronze que l'on fond au creuset et coule en châssis.

CHARPENTERIE. — Le service de la charpenterie est très important à l'usine, à cause des nombreuses réparations que nécessitent les pilons en bois. Des charpentiers sont constamment occupés à préparer de nouvelles flèches en bois et les pièces acce-soires de ces pilons, dont l'usure est très rapide, malgré l'emploi d'un bois très dur du Brésil, le *jacaranda-tão*, pour les fabriquer.

XVII

ORGANISATION DU SERVICE DE L'USINE

IMPORTANCE DU PERSONNEL. SALAIRES

Le service de l'usine est placé sous la direction d'un Ingénieur spécial, chef du traitement, qui relève uniquement du Directeur et qui a à sa charge la bonne marche du traitement mécanique et métallurgique ainsi que des services accessoires.

Les divers services ont lieu de jour, de 6 heures du matin à 5 heures du soir, le dimanche excepté, avec une heure d'arrêt de 9 heures à 10 heures pour déjeuner, sauf les services du broyage et lavage et du grillage, qui sont constants et se font en 2 postes de 12 heures, pour le broyage et lavage, et en 3 postes de 8 heures, pour le grillage.

Le personnel de l'usine est composé comme il suit, dans les divers services :

I. SERVICE DE LA PRÉPARATION MÉCANIQUE

Triage............ Surveillant......................... 1
» .... Manœuvres (hommes et gamins)...... 28
» .... » (femmes) 24
                                        — 53

Broyage et Lavage. Surveillants......................... 4
» » » . Ouvriers des bocards............... 8
» » » . Laveurs (gamins) aux 1res tables..... 8
» » » . » » » 4^{es} » 7
» » » . Laveuses (femmes) aux 2es et 3es tables 3
» » » . Manœuvres aux concas. et aux sables. 3
                                        — 33

A reporter.................. 86

O. M. G. 13

Report...................... 86

II. SERVICE DE L'AMALGAMATION

Surveillant.......................... 1
Laveuses à la batée.................. 4
Amalgamateur 1
Laveuses aux 5ᵉˢ tables.............. 2
Manœuvres aux sables.............. 4
                       — 12

III. SERVICE DE LA CHLORURATION

Grilleurs au four.................... 6
Manœuvre pour l'empilage du bois.... 1
Manipulateur à la chloruration....... 1
Aide à la chloruration 1
                       — 9

IV. SERVICES ACCESSOIRES

Laboratoire........ Chimiste............................. 1
    »   .... Garçon de laboratoire................ 1
                       — 2

Forge et atelier.... Mécaniciens......................... 2
  » » » .... Forgerons 2
  » » » .... Aides-forgerons...................... 3
  » » » .... Apprentis........................... 2
                       — 9

Charpenterie....... Maître-charpentier 1
    »   .... Charpentiers 8
                       — 9

Total du personnel de l'usine........ 127

Le service de la préparation mécanique se répartit en deux : le triage et le broyage et lavage.

Le service du triage dure de 6 heures du matin à 5 heures du soir avec arrêt d'une heure. A la tête de ce service se trouve un surveillant chargé, comme on l'a vu, de marquer le nombre de trémies que l'on remplit de menus et de wagonnets que l'on charge de gros, par jour de travail. Il est payé au mois, à raison de 100$000 reis (138 francs) (1).

Les manœuvres (hommes et gamins) sont chargés de remplir les wagonnets des gros et des débris stériles et de les verser aux endroits respectifs. Ils sont payés à l'heure, à raison de 150 à 250 reis, suivant leur force, et comme ils travaillent 10 heures par jour, ils se font une journée de 1$500 à 2$500 reis (1 fr. 90 à 3 fr. 20).

Les manœuvres (femmes) sont chargées du triage à la main et de verser les menus dans les trémies. Elles sont payées à raison de 100 reis par heure et se font par jour 1$000 reis (1 fr. 38).

Le service du broyage et lavage se fait en deux postes, commençant à 6 heures du matin et à 6 heures du soir. A la tête sont quatre surveillants, deux de jour et deux de nuit, alternant chaque semaine ; les deux de chaque poste sont affectés, l'un aux deux moulins de bocards brésiliens, l'autre au moulin de bocards californiens. Ces surveillants mangent sur place. Ils reçoivent des appointements mensuels qui varient de 10 à 12 livres sterling.

Les ouvriers des bocards, au nombre de huit pour les deux postes, sont distribués par poste : un à chaque moulin de bocards brésiliens et un à chaque série de bocards californiens. Ils sont chargés de veiller à la bonne marche des pilons et des tables à retournement, et de faire le nettoyage des mortiers. Ils sont payés à raison de 100$000 reis par mois (138 francs).

Les gamins, aux premières tables, également au nombre de huit, sont distribués de la même manière que les ouvriers des bocards. Ils sont chargés du lavage de ces tables et doivent

____

(1) Au change moyen de 780 reis pour franc de l'exercice 1892-1893, auquel correspondent les divers salaires donnés.

aider l'ouvrier sous les ordres duquel ils sont placés. Ils sont payés à raison de 100 reis par heure et, comme ils mangent sur place, dans l'intervalle de deux lavages, ils travaillent douze heures par poste ; ils se font ainsi 1$200 reis par jour (1 fr. 54).

Les gamins, aux quatrièmes tables, au nombre de sept seulement, sont répartis en deux postes, l'un de trois, l'autre de quatre. Ils sont affectés au lavage des quatrièmes tables qui reçoivent directement la lavée venant des premières. Ils sont payés comme les précédents.

Les femmes, aux deuxièmes et troisièmes tables, sont chargées du lavage des toiles de ces tables, qui ne fonctionnent que de jour : aussi travaillent-elles seulement de jour, de 6 heures du matin à 4 heures du soir. Elles sont payées à 120 reis l'heure et, comme elles mangent sur place, elles se font une journée de dix heures à raison de 1$200 reis (1 fr. 54).

Les manœuvres sont affectés au service des concasseurs, qui ne fonctionnent que pendant quelques heures par jour, et à divers transports de sables. Ils travaillent également de 6 heures du matin à 4 heures du soir et sont payés à 220 reis l'heure. Leur journée est donc de 2$200 reis (2 fr. 82).

Le service de l'amalgamation se fait de jour, {de 6 heures du matin à 5 heures du soir, avec arrêt d'une heure. Un surveillant est chargé spécialement de contrôler le travail des laveuses à la batée et les filtrations et lavages de l'amalgame, qui s'exécutent sous ses yeux dans une chambre attenant au moulin des 32 pilons. Il reçoit 125$000 reis par mois (160 francs).

Les laveuses à la batée sont installées dans la chambre de lavage sur des bancs autour de cuves pleines d'eau et, munies d'une batée, séparent les gouttelettes d'amalgame retenues dans les sables. Elles reçoivent 120 reis par heure de travail et se font ainsi 1$200 reis par jour (1 fr. 54).

L'amalgamateur, placé directement sous les ordres de l'Ingénieur, est affecté au travail du tonneau d'amalgamation, du saxe et des hammer-mills. Il reçoit 280 reis par heure, ce qui lui fait 2$800 reis par jour (3 fr. 60).

Les femmes, aux tables du saxe, sont chargées d'aider le précédent dans son travail et d'exécuter le lavage des tables. Elles reçoivent chacune 120 reis à l'heure, soit 1$200 reis par jour (1 fr. 54).

Les manœuvres sont chargés des divers transports de sables. Ils sont payés à l'heure à raison de 220 reis, soit 2$200 reis par jour (2 fr. 82).

Le service de la chloruration comprend deux parties distinctes : le grillage et la chloruration.

Au four, les ouvriers grilleurs, au nombre de six, travaillent deux par deux, par postes de huit heures, et reçoivent chacun 300 reis à l'heure, ce qui leur fait 2$400 reis par jour de travail (3 fr. 08).

L'ouvrier, chargé de la réception et de l'empilage du bois à brûler, travaille seulement de jour, de 6 heures du matin à 5 heures du soir, avec arrêt d'une heure pour déjeuner; il reçoit 250 reis à l'heure, soit 2$500 reis par jour (3 fr. 20).

Le travail de la chloruration se fait seulement la semaine, sauf en de rares exceptions le dimanche, et uniquement de jour. Le manipulateur attaché à la marche des appareils de chloruration touche 500 reis à l'heure, soit 5$000 reis par jour (6 fr. 40). Son aide reçoit 300 reis par heure, ou 3$000 reis par jour (3 fr. 85).

Les divers services accessoires se font tous de jour, pendant la semaine, de 6 heures du matin à 5 heures du soir, avec arrêt d'une heure.

Le service du laboratoire est sous la direction du chimiste, chargé également de la marche de la chloruration. Il reçoit 200$000 reis par mois (257 francs). Un garçon attaché au laboratoire est payé 250 reis par heure, soit 2$500 reis par jour (3 fr. 20).

Le service de la forge et de l'atelier des machines-outils comprend : un mécanicien, recevant 12 livres sterling par mois, et un aide-mécanicien à 300 reis par heure, soit 3$000 reis par jour (3 fr. 85) ; deux forgerons, l'un à 350 reis, l'autre à 400 reis par heure, soit 3$500 reis et 4$000 reis par jour (4 fr. 50 et 5 fr. 12) ; trois aides-forgerons à 250 reis par heure ou 2$500 reis par jour (3 fr. 20) ; les apprentis ne gagnent rien.

Le service de la charpenterie est sous la direction du maître-charpentier, qui reçoit 200$000 reis par mois (257 francs). Les charpentiers sous ses ordres gagnent de 300 à 350 reis par heure, soit de 3$000 à 3$500 reis par jour (de 3 fr. 85 à 4 fr. 50).

XVIII

PRODUCTION DE L'USINE DE TRAITEMENT

PRÉPARATION MÉCANIQUE. — Pour l'exercice 1892-1893, la production de l'usine de traitement a été la suivante :

Minerai extrait de la mine...........	46.019 tonnes
Stérile rejeté.......................	8.790 »
Minerai traité.......................	37.229 tonnes

Ce minerai se répartit en :

Gros passés aux concasseurs........	13.151 tonnes
Menus passés directement aux bocards	24.078 »
Total................	37.229 tonnes

Ce qui montre que l'on a soumis au concassage un peu plus du tiers du minerai traité.

Le travail du bocardage dans les trois moulins, pendant ce même exercice, s'est effectué comme l'indique le *Tableau VII*.

Il ressort de ce tableau que la production des bocards par pilon et par jour est en moyenne de 1 tonne. On constate en outre une différence notable, dans la production par tête de pilon, pour chacun des deux moulins brésiliens ; celle des 24 est à peine les deux tiers de celle des 32, et pourtant ils ont été construits sur le même modèle. Cela tient à deux causes : la première est que le moulin des 24 est le plus ancien et qu'il a été construit dans des conditions défectueuses, de sorte qu'il est

TABLEAU VII

BOCARDAGE (*Exercice 1892-1893*)

Nature des moulins	Nombre de pilons	Nombre de jours de travail	Nombre moyen de pilons en travail par jour	Nombre de tonnes traitées pendant l'année	Nombre moyen de tonnes par pilon et par jour
Bocards brésiliens..................................	24	350,5	21,21	4.698	0,549
»　　　　»	32	354,5	29,94	9.834	0,863
Total...........................	56	352,8	51,15	14.532	0,805
Bocards californiens.............................	40	364,5	38,02	22.697	1,593
Total...........................	96	356,2	89,17	37.229	1,077

déjà fatigué et se trouve affecté d'un ébranlement continuel qui absorbe une partie de sa force. Comme on a le projet de pourvoir sous peu à son remplacement, on se contente de faire de petites réparations. La seconde est que, lorsque les sabots de pilons des 32 sont en partie usés, on les transporte au moulin des 24 pour achever de les user, tandis qu'on les remplace au moulin des 32 par des sabots neufs ; on obtient ainsi pour ce dernier un excellent rendement, puisqu'il travaille dans les meilleures conditions. C'est surtout cette dernière cause qui a une grande influence sur la différence des deux productions. Aussi pour comparer les deux systèmes de pilons, en bois et en fer, faut-il prendre la production moyenne des deux moulins brésiliens, pour la mettre en regard de celle du moulin californien. Nous voyons qu'elle est exactement la moitié.

Pour juger des deux systèmes celui qui est le plus avantageux, nous examinerons quels sont les effets utiles produits par le choc en chaque cas, en admettant pour un instant que les résistances passives dues au frottement des tiges entre leurs guides soient nulles.

Nous prendrons comme poids d'un pilon son poids moyen, en tenant compte de l'usure du sabot pendant la durée du service. Or les pilons en bois ont un sabot qui, neuf, pèse 90 kilogrammes et, après usure, ne pèse plus que 25 kilogrammes ; il perd donc 65 kilogrammes, ce qui porte son poids moyen à :

$$270 - \frac{65}{2} = 247 \text{ kilogrammes.}$$

Pour les pilons en fer, le sabot pesant neuf 83 kilogrammes, et perdant 70 kilogrammes pendant son service, le poids moyen d'un pilon est de :

$$363 - \frac{70}{2} = 328 \text{ kilogrammes.}$$

Les données nécessaires au calcul sont donc :

	Pilons en bois	Pilons en fer
Poids moyen d'un pilon..	247 kilogr.	328 kilogr.
Levée....................	0^m,20	0^m,20
Nomb. de coups p. minute	60	80

On en déduit :

Effet utile d'un pilon en bois :

$$247 \times 0,20 \times 60 = 2.964 \text{ kilogrammètres};$$

Effet utile d'un pilon en fer :

$$328 \times 0,20 \times 80 = 5.248 \text{ kilogrammètres}.$$

Prenant les rapports des effets, on a :

$$\frac{2.964}{5.248} = 56 \text{ °/}_\text{o}$$

Ainsi ce résultat théorique n'est pas obtenu dans la pratique, puisque le rendement des pilons en bois est à peine de 50 °/₀ ; cette différence s'explique facilement, car le frottement d'une flèche carrée en bois entre ses guides est plus fort que celui d'une flèche ronde en fer.

A cet avantage des pilons californiens viennent s'en ajouter d'autres. La manière de travailler des flèches en fer, par rotation durant la levée, permet une usure plus uniforme du sabot rond, tandis que les flèches en bois, recevant simplement un mouvement de translation vertical, retombent toujours dans la même position, de sorte que l'usure du sabot carré est plus rapide du côté de l'alimentation ; ce qui explique la forme en coin que prend peu à peu ce sabot (B fig. 14, page 57). On remédie partiellement à cet inconvénient en retournant le sabot, lorsqu'il est arrivé à moitié de son temps de service, de manière à placer la pointe du coin du côté de l'alimentation. Malgré cela, le temps de service total est moindre que celui des sabots ronds : lorsqu'ils sont tous deux fabriqués dans le pays, le sabot carré en fer dure à peine trois mois, tandis que le sabot rond de même métal sert pendant cinq mois, et lorsque ce dernier est en acier, sa durée est encore plus grande.

Comme l'usure des sabots ronds est plus uniforme, cela permet de mieux utiliser la masse, presque jusqu'à l'épi, tandis qu'on est obligé de mettre au rebut les sabots carrés avant que toute la masse ait été consommée. C'est ce qui ressort du *Tableau VIII* (page 106), qui montre les consommations de sabots ainsi que celle des dés.

TABLEAU VIII

USURE DES SABOTS ET DÉS DES PILONS (*Exercice 1892-1893*)

Pilons	Minerai traité en tonnes	Nombre de sabots ou dés usés	Coût des sabots ou dés		Nombre de tonnes de minerai par sabot ou dé	Coût des sabots ou dés par tonne traitée	
			en reis	en francs		en reis	en francs
56 flèches en bois	14.532	136 sabots	4:673$600	5.992	107,6	$321	0,412
46 flèches en fer	22.697	85 sabots	3:753$000	4.811	265,7	$165	0,211
—	—	66 dés	2:472$000	3.169	343,8	$109	0,140
—	22.697		6:225$000	7.980		$274	0,351
96 flèches	37.229		10:898$600	13.972		$293	0,375

On voit que l'usure des dés est moindre que celle des sabots, ce qui était facile à prévoir. Enfin les dépenses des sabots et dés combinés dans les pilons californiens sont, malgré tout, moindres que celles des sabots simples battant sur un fond de quartz dans les mortiers en bois. Pour toutes ces raisons, il y a donc lieu de donner la préférence au système des pilons californiens. Ce ne sont pas les seules qui viennent militer en leur faveur : les pilons en bois exigent, en outre, la présence continuelle d'un charpentier, de jour et de nuit, pour les petites réparations à faire sur place aux deux moulins des 24 et 32 pilons, à quoi il faut joindre le travail des charpentiers attachés presque constamment à la confection de nouvelles flèches et à leur montage pour parer à la moindre éventualité.

Laissant de côté la question de force nécessaire à un moulin de chacun des deux systèmes, qui sera traitée au paragraphe spécial, il nous reste finalement à examiner comparativement le coût du premier établissement dans l'un et l'autre cas.

Le moulin des 24 bocards brésiliens ayant été établi en utilisant 12 bocards installés par le Syndicat et complété postérieurement par la Compagnie, avec 12 bocards nouveaux, il n'est pas possible d'en évaluer le coût, même approximativement. Au contraire, le moulin des 32 a été complètement construit par la Compagnie, seulement on a profité de l'emplacement qui avait servi auparavant au moulin des 30 bocards de la *Anglo-Brazilian Company* (Victoria Stamps), de sorte que les dépenses pour l'établissement des fondations ont été très réduites. Les travaux de construction commencés dans le courant de 1885, ont été terminés à la fin de 1886, et l'atelier a été mis complètement en marche en janvier 1887. Tout le matériel en bois, la roue et la charpente ont été faits en bois du pays et préparés sur place ; les fers, sauf quelques pièces spéciales, comme les engrenages et les tourillons de l'axe de la roue et des arbres à cames, venues de l'étranger, sont également des produits du pays. Par suite du mode de construction suivi, il n'a pas été possible d'avoir un devis des dépenses faites, mais le total s'est élevé à 67 contos de reis ; ce qui représente, au change moyen des deux années réunies de 1885 et 1886, de 490 reis par franc, une dépense totale de 137 000 francs ou 4 300 francs par pilon.

Par contre, le *Tableau IX* donne le devis des 40 bocards californiens, dont l'installation a nécessité une énorme recoupe de terrain, évaluée à 3 600 mètres cubes, pour préparer l'emplacement de l'atelier, ainsi que l'édification d'épais murs de soutènement pour la plate-forme comme pour les terrains entaillés, en partie décomposés et risquant de s'ébouler sous l'action des pluies torrentielles qui tombent à une certaine époque de l'année.

Pour faire la comparaison des deux moulins, il faut déduire du total général, inscrit dans le tableau, les dépenses nécessitées par la préparation de la plate-forme du moulin, puisque ces mêmes dépenses ne subsistent pas dans le total de l'atelier des 32, ce qui réduit à 300 000 francs le coût du moulin californien.

Dans ces conditions on aura :

Coût des 32 pilons = 137.000 francs ou 4.300 francs par pilon

»   »   40   »   = 300.000   »   » 7.500   »   »   »

Comme 1 pilon brésilien   broie 0,805 tonne par jour,

et que 1   »   californien   »   1,593   »   »   »

ramenant le coût au broyage de 1 tonne par pilon et par jour, on aura dans les deux cas :

Pour le pilon brésilien   = 5.342 francs par pilon-tonne.

  »   »   »   californien = 4.707   »   »   »

Ainsi, comparativement, le coût du premier établissement des pilons brésiliens est de 13 % plus cher que celui des pilons californiens.

L'avantage de ces derniers est faible ; il est en réalité supérieur à cela, car le chiffre admis pour eux devrait être encore réduit, par la raison qu'on a fait entrer en ligne de compte toutes les dépenses dues aux maçonneries, alors que ces mêmes dépenses ont été presque nulles pour l'atelier des pilons brésiliens établi sur un emplacement tout préparé.

TABLEAU IX

MOULIN DES 40 BOCARDS CALIFORNIENS. — *Dépenses d'établissement*

Détail	Dépenses	
	en reis	en francs
I. — *Terrassements et maçonnerie; charpente.*		
Terrassements pour la préparation de la plate-forme....................	50:500$000	100.000
Terrassements et maçonnerie des fondations, murs de soutènement et réservoirs d'alimentation, matériel en bois, charpente et toiture....................	90:900$000	180.000
Total....................	141:400$000	280.000
II. — *Matériel métallique.* (40 bocards, 2 concasseurs, turbine et roue en fer, accessoires.)		
Coût en Angleterre....................	37:875$000	75.000
Fret, transports, droits de douane, etc....................	22:725$000	45.000
Total....................	60:600$000	120.000
Total général....................	203:000$000	400.000

Nous croyons avoir mis suffisamment en évidence, par la comparaison de deux ateliers de broyage de systèmes différents installés dans la même mine, les avantages que présente l'emploi des bocards complètement métalliques. Toutes les fois que dans une mine d'or du Brésil les moyens de transport ne viendront pas créer des difficultés insurmontables pour amener sur place de grosses pièces de machines, il conviendra de donner la préférence au moulin californien.

AMALGAMATION. — La quantité de sables riches passée à l'amalgamation, pendant l'exercice 1892-1893, a été approximativement de 152 tonnes ; le nombre de tonnes de minerai traité ayant été de 37 229, le degré de concentration des sables a donc été amené à 0,4 %.

Le *Tableau X* donne les résultats de l'amalgamation.

La perte en mercure a été de 782 kilogr., soit 21 grammes par tonne de minerai traité.

L'or provenant du nettoyage des mortiers en fer n'est pas amalgamé, mais il est affiné conjointement avec les boules d'or brut de l'amalgamation ; c'est ce qui explique sa présence dans ce même tableau.

CHLORURATION. — On passe à la chloruration une quantité de sables concentrés représentant environ 2 % du poids de minerai traité.

C'est ainsi que, pour l'exercice 1892-1893, on a obtenu les résultats suivants :

Minerai traité......................	37.229 tonnes
Sables concentrés, à griller..........	780 »
Sables grillés......................	572 »
Or extrait par chloruration	54.075 grammes
Or par tonne de minerai traité......	1,45 »
»　　»　　»　　» sables à griller.....	69,3 »
»　　»　　»　　» sables grillés.......	105,5 »

TABLEAU X

AMALGAMATION PENDANT L'EXERCICE 1892-1893

Minerai traité : 37.229 tonnes.

Provenance	Amalgame		Bismuth aurifère		Or brut — Total	Or en barres — Total	Or extrait par tonne de - minerai
	Boules d'amalga-me	Eponges d'or	Barres de bismuth aurifère	Or extrait			
	gr.	*gr.*	*gr.*	*gr.*	*gr.*	*gr.*	*gr.*
Tonneau........................	468.600	198.793	52.172	12.730	211.523	206.616	5,55
Moulin à marteaux..................	95.100	33.782	—	—	33.782	33.78?	0,91
Nettoyage des mortiers..............	—	—	—	—	55.290	54.129	1,45
Total..................	563.700	232.575	52.172	12.730	300.595	294.527	7,91

La production totale de l'or est donnée par le *Tableau XI*.

TABLEAU XI

PRODUCTION D'OR POUR L'EXERCICE 1892-1893

Provenance	Or en barres		Titre	Or fin	
	extrait	p. tonne		extrait	p. tonne
	gr.	*gr.*	*millièmes*	*gr.*	*gr.*
Amalgamation.........	294.527	7.91	914,4	269.342	7,23
Chloruration..........	54.075	1,45	928,2	50.196	1,35
Total..........	348.602	9,36	916,6	319.538	8,58

XIX

PRIX DE REVIENT DU TRAITEMENT

Le prix de revient du traitement des minerais est donné d'une manière détaillée par le *Tableau XII* (pages 114 et 115).

Il montre que les grosses dépenses sont dues aux premières opérations du traitement.

En effet, la préparation mécanique absorbe plus des deux tiers du prix de revient, et le reste est réparti entre les deux services de l'amalgamation et de la chloruration, à raison d'un tiers pour l'amalgamation et de deux tiers pour la chloruration. C'est donc ce premier service qui exige le plus de dépenses ; il est vrai que tout le minerai doit y passer, tandis que dans les autres on ne traite qu'une fraction très faible des matières, comme nous l'avons vu au paragraphe précédent.

Les dépenses d'amalgamation et de chloruration portant sur un nombre réduit de tonnes de sables concentrés, ceux-ci doivent avoir une certaine teneur en or pour les payer. La teneur minima pour payer les frais spéciaux de l'amalgamation est de 40 grammes d'or à la tonne de concentrés ; pour la chloruration, elle est de 16 grammes par tonne de sables à griller.

Mais, tandis que l'installation de l'amalgamation au tonneau exige un matériel simple et peu important, la chloruration nécessite l'emploi de fours de grillage et de nombreux appareils, bien que l'usage du sulfure de cuivre ait permis d'en réduire le nombre. Les frais de premier établissement sont peu de chose pour le premier service ; ils sont plus élevés pour le dernier. On peut en juger par le coût d'établissement de la chloruration à Passagem, installée en vue de traiter 3 tonnes de sables concentrés par jour, en se reportant au *Tableau XIII* (page 116).

TABLEAU XII

PRIX DE REVIENT DU TRAITEMENT POUR L'EXERCICE 1892-1893

Minerai traité : 57.229 tonnes. — (Change moyen : 780 reis pour franc.)

Nomenclature	Dépenses annuelles		Prix de revient du traitement, par tonne	
	en reis	en francs	en reis	en francs
I. — *Chimiste* [1]	1:180$000	1.513	$031	0,040
II. — *Amalgamation*				
Main-d'œuvre............	7:410$000	9.500	$199	0,255
Mercure............	4:589$000	5.883	$123	0,158
Fournitures accessoires............	2:012$000	2.580	$054	0,069

III. — *Chloruration*

Main-d'œuvre	7:514$00u	9.633	$201	0,258
Bois à brûler	8:484$000	10.877	$228	0,292
Produits chimiques	7:998$000	10.254	$215	0,276
Fournitures	6:511$000	8.347	$175	0,224
Total	30:507$000	39.111	$819	1,050

IV. — *Préparation mécanique et divers*

Main-d'œuvre de triage	21:324$000	27.336	$573	0,735
» » bocardage et lavage	20:859$000	26.742	$560	0.718
» » forge et atelier	7:682$000	9.849	$207	0,265
» » charpenterie	7:990$000	10.244	$215	0,275
Fournitures diverses	41:399$000	53.076	1$112	1,426
Total	99:254$000	127.244	2$667	3,419

Résumé

Chimiste	1:180$000	1.513	$031	0,040
Main-d'œuvre	72:779$000	93.304	1$955	2,506
Fournitures diverses	70:993$000	91.017	1$907	2,445
Total général	144:952$000	185.834	3$893	4,991

(1) N'a été en fonction que pendant 6 mois.

TABLEAU XIII

COUT D'ÉTABLISSEMENT DE LA CHLORURATION

Nomenclature	Dépenses d'établissement	
	en reis	en francs
I. — *Four de grillage*		
Terrassements	2:000$000	4.300
Matériel, construction, couverture	5:000$000	10.700
Total	7:000$000	15.000
II. — *Chloruration*		
Matériel expédié d'Angleterre (coût et transport)	10:000$000	21.400
Halle de refroidissement ; construction, couverture, prise d'eau, canal de fuite...	15:000$000	32.100
Total	25:000$000	53.500
Total général	32:000$000	68.500

XX

FORCE MOTRICE

La force motrice est fournie par une chute d'eau de 65^m,60 de hauteur avec un débit moyen de 450 litres. Elle est obtenue par une dérivation d'une partie des eaux de la rivière du Carmo, qui passe au pied de la montagne : un barrage en maçonnerie, avec déversoir de surface, a été établi en travers de la rivière au lieu dit Taquaral, entre Passagem et Ouro Preto, et un canal latéral de 9 kilomètres de longueur côtoie la Serra d'Itacolumy pour amener l'eau à la mine.

Ce canal a une section en forme de trapèze, d'une largeur de 0^m,80 au fond et de 1^m,20 en haut et d'une profondeur de 0^m,90. Il a été presque en totalité percé dans les terrains de schistes décomposés formant des terres rouges, assez dures à attaquer au pic, mais sujettes, sous l'action des pluies, à des éboulements qui obligent à des travaux de consolidation assez importants. C'est à peine s'il traverse des roches, ayant exigé l'emploi de la dynamite, sur une extension de 1 kilomètre. Ce canal a été construit par la Compagnie actuelle, mais on a utilisé un ancien canal de 4 kilomètres déjà existant, qui avait été exécuté par la Compagnie Anglo-Brésilienne pour amener à la mine les eaux de l'Itacolumy ; on s'est contenté d'en élargir la section et d'y relier la partie nouvellement construite (1). La configuration des terrains traversés par le canal a nécessité son exécution en amont sur la rive gauche de la rivière pour passer à moins d'un kilomètre du barrage sur la rive droite au moyen d'un aqueduc en bois, de 80 mètres de longueur, qui, après un service de six années, a dû être remplacé pendant le dernier exercice par un aqueduc en fer. Le coût de ce canal, barrage et aqueduc en bois compris, s'est élevé à 120 contos de reis (240 000 francs, au change moyen de l'époque) à savoir : 20 contos pour les réparations de l'ancien canal et 100 contos pour l'exécution

----

(1) Voir la figure 1, page 11.

des 5 kilomètres de la partie neuve ; ce qui porte à 20 contos
(40 000 francs) le kilomètre exécuté, avec barrage et aqueduc.
Seulement, à cause de la mauvaise qualité du terrain, ce canal
exige un entretien continuel pendant la saison des pluies ;
en certaines parties, il traverse des terres meubles qui obligent à effectuer des travaux de maçonnerie ou à installer des
tronçons de canal en bois. Dans ces conditions, aux dépenses de
construction viennent s'ajouter chaque année les frais qu'ont
nécessités les réparations et améliorations effectuées. C'est ainsi
que, pour le dernier exercice 1892-1893, les dépenses d'entretien
du canal se sont chiffrées à plus de 20 contos (26 000 francs), et
il faut y joindre encore les dépenses dues à la substitution à
l'aqueduc en bois de l'aqueduc en fer. Le coût de cet ouvrage est
donné par le *Tableau XIV*.

TABLEAU XIV

COUT DE L'AQUEDUC MÉTALLIQUE

Nomenclature	Dépenses d'établissement	
	en reis	en francs
Maçonnerie des piles et culées		
Extraction, transport et mise en place...	12:000$000	15.400
Matériel métallique		
Achat et transport......................	25:000$000	32.000
Main-d'œuvre et accessoires		
Montage, mastic, peinture, etc..........	6:000$000	7.700
Total....................	43:000$000	55.100

Le remplacement de l'aqueduc en bois étant devenu double-
ment nécessaire par suite de son mauvais état et de l'insuffisance
de sa section pour la quantité d'eau exigée par les besoins de
l'usine, on résolut de lui substituer un aqueduc métallique,

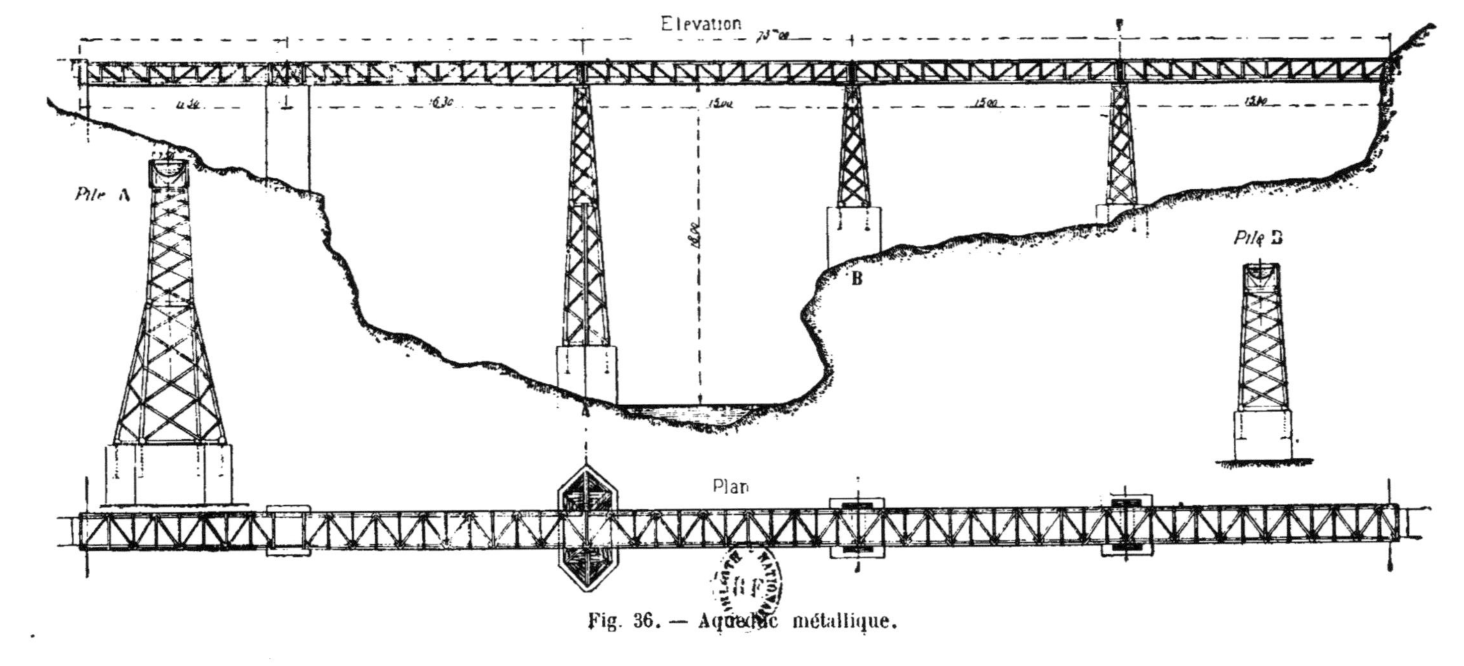

Fig. 36. — Aqueduc métallique.

capable de résister plus longtemps aux actions des agents atmosphériques. Celui-ci se compose de deux poutres en treillis entre lesquelles se trouve la conduite demi-circulaire, de 1^m,50 de diamètre et de 73 mètres de long, qui repose, à 18 mètres au-dessus de la rivière, sur quatre piliers, dont un complètement en maçonnerie et les trois autres formés chacun d'une pile métallique fixée sur un soubassement en maçonnerie (fig. 36).

A son arrivée à la mine, le canal est relié au tronçon qui amène les eaux aux machines par une conduite inclinée en tubes d'acier d'une longueur de 165 mètres, qui rachète une différence de niveau de 14 mètres, formant ainsi une chute en réserve, que l'on se propose d'utiliser dans la suite.

La figure schématique du *Tableau XV* (page 120) montre comment l'eau est répartie et la chute utilisée.

Le canal se bifurque d'abord, afin que la plus grande partie de l'eau passe par la turbine de chloruration, les roues de la pompe et de la traction mécanique, tandis que le reste actionne la petite turbine de la forge ; les eaux réunies ensuite se divisent à nouveau, la majeure partie passe successivement sur les roues hydrauliques des moulins des 24 et des 32, en abandonnant environ 50 litres pour les lavages en chaque atelier, et le reste va à la roue Pelton, actionnant les pans et l'agitateur ; elles se réunissent enfin pour passer ensemble sur la roue du moulin des 40, après prélèvement préalable de 50 litres pour les lavages, et finalement sur la turbine qui vient en aide à la roue, insuffisante pour les 40 pilons et les 2 concasseurs par suite de la faible quantité d'eau disponible.

La force de la chute totale est de 393 chevaux-vapeur, dont on utilise pour les divers moteurs :

Turbine de chloruration	9,33	chevaux-vapeur
Roue d'épuisement..........	14	»
Roue d'extraction...........	21	»
Turbine de la forge..........	11,50	»
Roue du moulin des 24......	42	»
Roue du moulin des 32......	48	»
Roue Pelton	30	»
Roue du moulin des 40......	48	»
Turbine	58	»
Total..............	281,83	chevaux-vapeur

TABLEAU XV

Distribution de la force motrice.

L — *Débit en litres*

M — *Hauteur de chute en mètres*

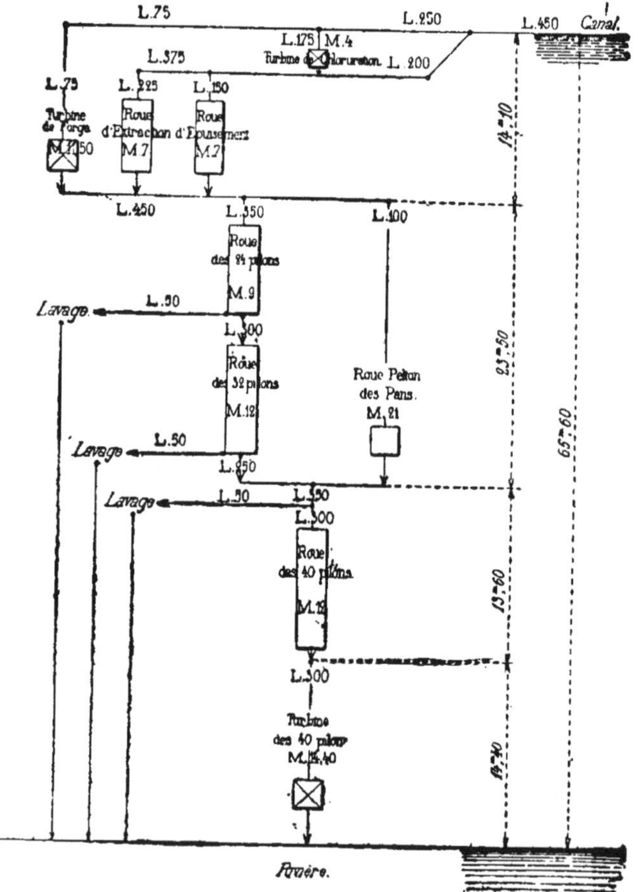

Il ressort, des nombres précédents, que la force totale
fournie aux 56 pilons en bois est de 90 chevaux-vapeur, soit
1ch,61 par pilon pour broyer en moyenne 0,8 tonne de minerai
par jour et que la force totale fournie aux 40 pilons en fer est de
106 chevaux-vapeur, soit 2ch,65 par pilon pour broyer en moyenne
1t,59 par jour ; ce qui nécessiterait, pour le broyage de 1 tonne
par jour : 2ch par pilon du premier système, 1ch,66 par pilon
du second système. On réalise donc une économie de 17 °/₀
de la force en employant les pilons californiens, raison qui vient
s'ajouter à celles déjà présentées pour leur donner la préférence.

Le service du canal comprend le personnel suivant :

Surveillant............................	1
Charpentiers...........................	2
Maçons et terrassiers...................	10
Total...................	13

Le surveillant chargé de l'inspection du canal et de l'exécution des travaux de réparation reçoit 12 livres sterling par
mois.

Les charpentiers ont à exécuter les canaux en bois et les
revêtements des parties ébouleuses au moyen de cadres. Les
maçons et les terrassiers sont chargés d'exécuter les mouvements
de terres et les murs de consolidation et de boucher les fuites.
Ils sont tous payés à raison de 350 reis par heure et travaillent
pendant dix heures, de 6 heures du matin à 5 heures du soir
avec arrêt d'une heure ; ils se font donc une moyenne de 3§500
reis par jour (4 fr. 50).

XXI

ADMINISTRATION ET DIRECTION. MAGASIN

A la tête des divers services se trouve un Ingénieur-Directeur
qui a, en même temps, la direction générale des autres mines
de la Compagnie, dont le siège social est à Londres.

Il est secondé, à la mine de Passagem, par un Ingénieur, chef du service de la surface, tandis que le service du fond est confié à un capitaine de mine.

Un comptable est chargé des écritures et de la caisse.

Le magasin contient un assortiment de toutes les fournitures nécessaires aux besoins de la mine et de l'usine.

La dynamite et les capsules sont conservées dans une dynamitière établie sur la montagne en un point retiré de la propriété.

Le charbon de bois nécessaire aux feux de forge est accumulé dans un magasin spécial. Il est fabriqué en meules couchées (1), à 12 kilomètres de la mine, et amené à dos de mulets dans deux panières cubant 150 litres chacune. Ce charbon, bien brûlé et dur, est payé à raison de 11$500 reis (14 fr. 75) le mètre cube, rendu à la mine ; le poids du mètre cube est de 244 kilogrammes, ce qui porte le prix de la tonne à 47$000 reis (60 francs) ; sur ce prix, un tiers environ représente le coût du transport.

Le magasin est placé sous la surveillance du comptable. Un magasinier et deux aides y sont spécialement affectés ; ils sont payés au mois : le magasinier à raison de 100$000 (128 francs), les deux aides, 65$000 (83 fr. 50) à eux deux ; leur service est de dix heures, de 6 heures du matin à 5 heures du soir, avec arrêt d'une heure.

XXII

SERVICE MÉDICAL

La Compagnie a établi un hôpital dans une maison spacieuse et bien aérée, placée à un kilomètre de la mine, sur la route de Passagem à Marianna, et y a attaché un médecin secondé par un infirmier et une infirmière. On y traite les blessés, ainsi que

---

(1) Voir ce procédé de fabrication du charbon, spécial à Minas Geraes, dans le *Génie Civil*, tome V. n° 25, p. 418. *Industrie du fer au Brésil.* (Etude de la méthode italienne.)

les indigènes malades, employés à la mine, qui n'ont pas les
moyens de se soigner chez eux ; cependant si l'ouvrier, auquel
il est arrivé un accident au chantier, préfère se traiter chez
lui, il reçoit pendant tout le temps la moitié de son salaire.

En outre, le médecin et une pharmacie sont mis gratuite-.
ment à la disposition du personnel et de leur famille, moyennant
une contribution mensuelle de 1,5 %, prélevée sur les salaires.

XXIII

LOGEMENTS ET HABITATIONS OUVRIÈRES

Tous les employés supérieurs de la Compagnie sont logés.
Pour les ouvriers, on a construit des maisons, sortes de
grands rectangles divisés en deux, longitudinalement, et répartis
en chambres carrées de quatre mètres de côté, au nombre de 40
à 50 par maison. Chaque chambre a une fenêtre et une porte
d'un côté, et communique, de l'autre, avec sa symétrique au
moyen d'une porte que l'on peut condamner à volonté. Aux
célibataires, on loue une chambre à raison de 2$000 reis par
mois. Aux ménages, on loue plusieurs chambres, suivant l'importance de la famille, sur le pied de 2$000 reis par chambre ; à un
ménage sans enfants on accorde deux chambres.

XXIV

IMPOTS ET CHARGEMENT DE L'OR

Les impôts payés par la Compagnie sont :
L'impôt municipal, qui est de 1 conto de reis (1 280 francs)
annuel ;

L'impôt de l'Etat de Minas, qui est fixé par la loi du 29 juin 1886, à :

40$000 reis (51 fr. 30) par tête de pilon brésilien ;

50$000 reis (64 fr. 10) par tête de pilon étranger ;

ce qui représente un total de 4 240$000 reis (5 436 francs) pour cet impôt ;

L'impôt d'exportation, payé au Gouvernement fédéral, pour expédier à Londres les barres d'or produites. Cet impôt est de 2,5 % sur la valeur, fixé par la Douane pour les barres d'or au titre uniforme de 22 carats (917 millièmes).

L'expédition de l'or est faite mensuellement.

Pour l'exercice 1892-1893, elle a été en moyenne par mois de :

	kilogrammes
Or	30
Bismuth	3

en barres de cinq kilogrammes environ chacune, que l'on place dans une petite caisse en bois dur, préparée dans ce but.

On l'expédie à Rio de Janeiro : à dos de mulet, de Passagem à Ouro Preto, et de là à Rio, par le chemin de fer Central du Brésil.

Le fret par chemin de fer est basé sur le tarif des valeurs avec réduction de 50 % pour l'or en barres ; ce tarif est :

Jusqu'à   100 kilom. 15 reis par kilom. et par conto de reis ;

Au delà de 100   »   10 » »   »   excédant et par conto de reis.

Comme d'Ouro Preto à Rio il y a 540 kilomètres, cela porte le fret d'un conto de reis à 2$950 reis (3 fr. 78) ou pour un kilogramme d'or à 7$375 reis (9 fr. 50).

A l'arrivée à Rio, les agents de la Compagnie prennent livraison de la caisse et en font l'expédition à Londres.

XXV

CONSTRUCTION

Outre les divers services de la mine, il nous reste à parler d'un service extraordinaire qui se distingue complètement des précédents par suite du but auquel il est affecté ; c'est celui des constructions, qui embrasse les nouveaux travaux et installations effectués en vue de remplacer des appareils anciens ou de modifier le traitement suivi. Les dépenses faites de ce chef sont couvertes par un compte spécial pris sur le capital de premier établissement et n'affectent pas le coût des travaux ordinaires de la mine. C'est ainsi que l'on a compris dans ce service toute l'installation de la chloruration achevée dans le courant de l'année 1890. Actuellement on se propose de substituer, dans le courant du prochain exercice 1893-1894, au moulin des 24 pilons très fatigué et détérioré, un autre atelier de 20 pilons californiens, dont on prépare déjà l'emplacement de l'autre côté du moulin des 32 ; les dépenses de terrassement et de construction de ce nouveau moulin seront portées à ce compte.

Le personnel employé est naturellement très variable chaque année, puisqu'il dépend de l'importance des nouveaux travaux exécutés pendant l'exercice. Ainsi, pour celui de 1892-1893, le personnel se réduit à :

$$
\begin{array}{lr}
\text{Charpentiers} \dots & 3 \\
\text{Maçons et terrassiers} \dots & 4 \\
\hline
\text{Total} \dots & 7 \\
\end{array}
$$

Placés sous les ordres du surveillant du canal, ces ouvriers travaillent dans les mêmes conditions et reçoivent les mêmes salaires que ceux du canal.

XXVI

IMPORTANCE DU PERSONNEL

Le personnel total employé se répartit dans les divers services de la manière suivante :

Administration	6
Mine	306
Usine	127
Canal	13
Construction	7
Total du personnel	459

Ce personnel se compose, partie de brésiliens, nègres ou mulâtres, et partie d'étrangers, pour la plupart italiens ; les chefs de service sont anglais, ainsi que presque tous les surveillants. Comme pour le service de la mine, il est nécessaire de renforcer le nombre du personnel pour avoir toujours un effectif suffisant sur les travaux.

XXVII

PRIX DE REVIENT. RÉSUMÉ DES OPÉRATIONS

Pour terminer cette étude sur la mine de Passagem, je donne par le *Tableau XVI* le détail du prix de revient par tonne de minerai traité aux moulins, pour les deux derniers exercices.

TABLEAU XVI .

PRIX DE REVIENT GENERAL POUR LES EXERCICES 1891-1892 ET 1892-1893

Désignation	EXERCICE 1891-1892 Minerai traité : 36 979 tonnes (change moyen : 725 reis p. franc)				EXERCICE 1892-1893 Minerai traité : 37 229 tonnes (change moyen : 780 réis p. franc)			
	Dépenses annuelles		Prix de rev' par tonne		Dépenses annuelles		Prix de rev' par tonne	
	en reis	en francs	en reis	en francs	en reis	en francs	en reis	en francs
Administration	28:387$000	39.154	$768	1,060	32:728$000	41.959	$879	1,127
Exploitation	389:678$000	537.485	10$538	14,535	444:322$000	569.644	11$935	15,301
Traitement mécanique et métallurgique	106:287$000	146.600	2$874	3,964	144:952$000	185.834	3$893	4,991
Entretien du canal	11:163$000	15.397	$302	0,417	20:507$000	26.291	$550	0,705
Impôts et chargement d'or	24:063$000	33.190	$650	0,896	19$643$000	25.183	$528	0,677
Frais accessoires	10:947$000	15.099	$296	0,408	11:713$000	15.017	$315	0,404
Total	570:525$000	786.925	15$428	21,280	673:865$000	863.928	18$100	23,205

Il montre d'une manière frappante l'importance du service de l'exploitation relativement à tous les autres et met bien en évidence que c'est actuellement sur ce service que doivent tendre tous les efforts en vue de l'abaissement du prix de revient. Comme c'est la main-d'œuvre qui en absorbe la plus grande partie, la solution est probablement dans la substitution des appareils mécaniques au travail musculaire de l'homme.

Enfin, par le *Tableau XVII* (pages 130 et 131) on peut suivre la marche des opérations de la mine depuis avril 1884, époque à laquelle la Compagnie a commencé ses travaux à Passagem, jusqu'à la fin du dernier exercice, au 30 juin 1893.

On voit que la mine a été constamment en progressant jusqu'en 1890, année où a été complètement achevée l'installation du moulin californien et adoptée la chloruration. Grâce à diverses modifications apportées au service de l'exploitation et au traitement, on a pu abaisser d'une manière sensible le prix de revient ; c'est ce qui ressort de l'examen des chiffres en francs, la lecture des chiffres en reis étant influencée d'une manière sensible par les variations du change.

La production est passée par un maximum vers l'année 1890. Divers perfectionnements apportés à la méthode de traitement, comme nous l'avons vu dans le cours de cette étude, ont amené ce résultat ; seulement, si cette production ne s'est pas maintenue constante à partir de ce maximum, cela est dû à l'abaissement de la teneur du minerai traité dans ces dernières années. Au commencement, lorsque n'existaient que les deux moulins brésiliens, comme on ne pouvait traiter qu'un faible poids de pierre, on préférait ne passer aux pilons que du minerai riche, et pour cela on faisait un triage soigné pour éliminer le quartz pauvre ; ce n'est qu'à partir de 1888, qu'on a commencé à passer le quartz blanc avec les parties pyriteuses du minerai, et, à cette époque, la teneur s'élevait à 24 grammes par tonne, dont on retirait au plus 15 grammes, tandis qu'aujourd'hui, d'un minerai dont la teneur s'est abaissée à 15 grammes, on arrive à retirer 10 grammes. La perte en or, qui était de 42 %, a donc été abaissée à 34 % ; c'est à un traitement mieux compris que l'on doit ces résultats, faits du reste pour encourager dans la voie des recherches, que poursuit constamment le Directeur de la mine.

XXVIII

APPENDICE AU TRAITEMENT MÉCANIQUE ET MÉTAL-LURGIQUE DU MINERAI

Depuis que l'étude sur le traitement du minerai de Passagem a été écrite, on est arrivé, à la suite d'expériences poursuivies à la mine dans le courant de l'année 1893, à simplifier la marche des opérations par la suppression de l'amalgamation.

Dans les *Considérations techniques sur le traitement* (1), nous avons indiqué la difficulté qui se présentait pour supprimer l'amalgamation : par des essais répétés sur les sables qui se déposaient sur les premières tables à la sortie des bocards, on est arrivé à constater que les dépôts en tête des tables (*cabeceira*) contenaient la majeure partie de l'or libre, tandis que le reste des dépôts se composait de pyrites qui en renfermaient peu. On a eu alors l'idée de placer à la tête de chaque table à retournement une toile mobile sur laquelle se déposent les sables riches, que l'on concentre à nouveau sur de secondes tables de lavage ; les dépôts des toiles de ces dernières tables sont ensuite lavés simplement à la batée pour en séparer l'or libre, tandis que les sables ainsi appauvris sont envoyés directement à la chloruration.

Le traitement des sables se trouve donc réduit à un lavage à la batée pour recueillir l'or libre et à un enrichissement sur les tables pour obtenir des concentrés, qui passent tous à la chloruration. On a une quantité un peu plus grande de sables à griller, mais le nombre des opérations est bien diminué.

Le *Tableau XVIII* permet de suivre les diverses phases du traitement et par comparaison avec le *Tableau V* (2), donné pour le traitement appliqué précédemment, on peut se faire une idée complète des simplifications réalisées.

---

(1) Page 87 et suivantes.
(2) Page 88.

O. M. G. 17

TABLEA[U

RÉSUMÉ DES OPÉR[...

Exercice	Nombre de tonnes			Pilons		Production d'or en barres			
	Extraites	Rejetées	Traitées	Nombre de jours de travail	Nombre moyen de pilons par jour	Amalgamation	Chloruration	Total	par tonne traitée
						gr.	gr.	gr.	gr.
1884-1885	4.660	1.236	3.424	456 (a)	12	54.582	—	54.582	15,9
1885-1886	3.686	1.024	2.662	365	24 (b)	62.584	—	62.584	23,5
1886-1887	14.915	3.999	10.916	365	40,87 (c)	173.681	—	173.681	16
1887-1888	29.961	11.875	18.086	366	53,3	259.249	—	259.249	14,3
1888-1889	29.798	5.985	23.813	362	67,4 (d)	308.894	—	308.894	13
1889-1890	35.727	7.242	28.485	354,5	75,42 (e)	359.962	10.062 (g)	370.024	12,7
1890-1891	46.617	9.074	37.543	361,5	89 (f)	402.252	16.588	448.840	12
1891-1892	46.243	9.264	36.979	358,5	)1,1	307.068	41.457	348.525	9,4
1892-1893	46.019	8.790	37.229	356,2	89,17	294.527	54.075	348.602	9,4
Total....	257.626	58.489	199.137	......	....	2.222.799	152.182	2.374.981	11,9

(a) Les opérations de la mine ayant commencé en avril 1884, le premier exercice a duré 15 mois, d'avril 1884 au 30 juin 1885 : les exercices suivants ont tous une durée de 12 mois, du 1er juillet au 30 juin de l'année suivante.

(b) Le moulin des 24 pilons était au complet, dès le commencement de l'exercice, mais il a fonctionné irrégulièrement, à cause du manque d'eau.

(c) Le moulin des 32 pilons a été mis en marche, moitié en octobre 1886 et moitié en janvier 1887.

VII

NS DE LA MINE

Change moyen en reis p. franc	Valeur de la production		Dépenses annuelles		Prix de revient par tonne traitée	
	en reis	en francs	en reis	en francs	en reis	en francs
500	85:125$000	170.250	109:850$000	219.700	32$082	64,16
500	88:525$000	177.050	124:992$000	249.984	46$954	93,91
410	250:276$000	573.550	233:744$000	531.236	21$413	48,67
405	357:708$000	883.205	316:580$000	781.679	16$906	41,25
353	356:424$000	1.009.700	323:321$000	909.325	13$573	38,10
384	456:816$000	1.189.625	352:469$000	911.000	12$374	32,10
468	659:494$000	1.409.175	485:508$000	1.030.425	12$932	27,50
725	791.664$000	1.091.950	570:525$000	786.925	15$428	21,28
780	848:640$000	1 088.000	673:865$000	863.928	18$100	23,20
....	3.894:672$000	7.592.505	3.190:854$000	6.284.202	16$023	31,55

(d) Au moulin des 40 pilons, mise en marche de 10 premiers pilons en octobre
8 et de 10 autres en décembre 1888.

(e) Au moulin des 40 pilons, mis en marche de 10 nouveaux pilons en février
90.

(f) Au moulin des 40 pilons, mise en marche des 10 derniers pilons en juillet 1890.

(g) Chloruration commencée en décembre 1889.

Les sables, après leur passage sur les 1res tables, se distinguent en trois catégories, qui toutes sont soumises à une nouvelle concentration : les sables riches, provenant des toiles de tête, vont dans une auge de distribution et passent sur les 2es tables, où sont retenus les sables très riches, tandis que les résidus s'accumulent dans des caisses de dépôt placées à la suite ; les sables denses retenus sur les 1res tables vont également dans une auge de distribution et passent sur les 3es tables, où sont retenus les sables concentrés, tandis que les fins vont à la rivière ; enfin les sables pauvres (*tailings*), qui ont échappé à l'action des 1res tables, passent directement sur les 4es tables, où l'on arrive à en retenir une partie sous la forme de sables concentrés, tandis que les résidus pauvres filent à la rivière.

Les sables très riches vont au lavage à la batée et, une fois débarrassés de l'or libre, sont envoyés au four de grillage, où passent également les résidus accumulés dans les caisses de dépôt des 2es tables, ainsi que les sables concentrés des 3es et 4es tables.

La suite du traitement est la même.

Ainsi suppression complète de l'amalgamation et des opérations qui en dépendent, abandon de la pulvérisation dans les pans. On réalise de ce fait une notable économie de main-d'œuvre, dùe aux diverses manipulations exigées par l'emploi de l'amalgamation, mais en partie compensée par l'augmentation du personnel nécessaire au lavage des sables à la batée ; par contre on n'a plus de perte de mercure, l'économie de ce côté est complète. Enfin, un avantage considérable est dù à l'amélioration du rendement, comme cela est mis en évidence par le tableau schématique du traitement, qui montre que la perte tombe à 28 %; par comparaison avec le *Tableau V*, on voit en effet que la simplification apportée au traitement a permis de réduire la perte de 34 à 28 %.

Voici, du reste, les résultats obtenus avec le nouveau traitement :

EXERCICE 1893-1894
—

Minerai extrait de la mine.........	44.674 tonnes
Rejets	7.555 »
Minerai traité aux pilons..........	37.119 »

TABLEAU XVIII

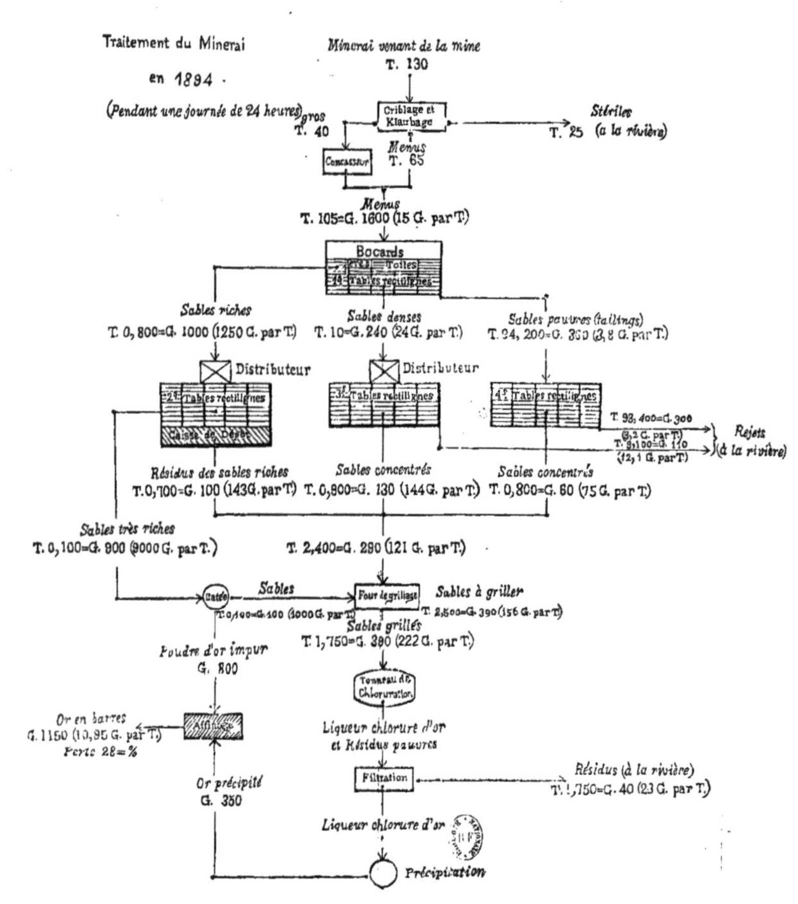

Production d'or en barres :

Or libre...........................	300.623	grammes
Or de chloruration.................	102.444	»
Or total..............	403.067	grammes
Rendement d'or par tonne traitée...	10,85	grammes
Valeur de l'or total.................	1.205.500	francs

Si l'on compare ce dernier exercice avec le précédent, durant lequel on a traité un minerai de teneur presque égale, on voit que l'augmentation de la production d'or a été de plus de 54 kilogrammes.

Cette simplification de traitement sera encore augmentée dans la suite par l'emploi général des tables de Frue (*Frue-Vanner*), qui ont donné d'excellents résultats pour la concentration des pyrites et qui permettent la suppression des 3es et 4es tables de lavage.

Depuis un certain temps, la Compagnie se proposait de remplacer l'atelier des 24 pilons brésiliens, déjà vieux et fonctionnant mal, par un atelier de 20 pilons californiens, de type Sandycroft, avec tables de Frue au lieu de tables à retournement. Ce projet vient d'être exécuté et, à la fin de juin, on a achevé l'installation du nouvel atelier établi à côté de l'atelier des 32 pilons sur un emplacement différent de celui des 24 ; ce qui a permis à ce dernier de marcher jusqu'au dernier moment et de n'interrompre la marche des divers moulins que pendant deux jours pour changer la conduite des eaux motrices.

Le nouvel atelier comprend 20 pilons mis en mouvement par une turbine et disposés par batteries de cinq indépendantes les unes des autres ; la lavée, à sa sortie des mortiers des bocards, passe sur de courtes tables dormantes avec toiles de $0^m,50$ de longueur, sur lesquelles se déposent les sables riches, contenant l'or libre, qui sont concentrés sur de 2es tables et envoyés à l'atelier de lavage à la batée ; puis la lavée continue sa marche et passe sur des tables de Frue, au nombre de 8, 2 par batterie, pour séparer complètement les pyrites des sables plus légers, emportés à la rivière. Les résidus des 2es tables et les pyrites provenant des tables de Frue sont envoyés directement au four de grillage pour être soumis au traitement par chloruration. Ainsi dans ce nouvel atelier, on a réalisé une plus grande simplification d'appareils et de manipulations ; ce qui peut être mis en évidence par le *Tableau XVIII* du dernier traitement, en notant que les tables de Frue remplacent, à elles seules, la partie des 1res tables, qui suit les 1res toiles, et les 3es et 4es tables.

Voici les résultats du traitement pendant le premier mois de fonctionnement du nouvel atelier :

JUILLET 1894

—

Minerai extrait de la mine..........	4.683 tonnes
Rejets	702 »
Minerai traité aux pilons...........	3.981 »

Production d'or en barres :

Or libre.......................	33.566 grammes
Or de chloruration.............	8.088 »
Or total...............	41.654 grammes
Rendement d'or par tonne traitée...	10,16 grammes
Valeur de l'or total................	124.900 francs

On voit que le nombre de tonnes traitées mensuellement et la production d'or correspondante ont augmenté d'une manière sensible, car, en prenant les chiffres obtenus durant le mois de juillet comme base, on aurait pour une année :

Minerai traité	47.772 tonnes
Production d'or en barres..........	499.848 grammes

Bien que durant ce premier mois de marche les nouveaux appareils n'aient pu encore fournir le rendement qu'on doit attendre d'eux en marche régulière, nous pouvons cependant comparer les chiffres obtenus avec ceux des trois derniers exercices, durant lesquels le minerai traité a été d'une teneur à peu près constante ; nous verrons ainsi les avantages réalisés par le nouveau traitement et l'augmentation de production due à l'emploi des nouveaux appareils.

TABLEAU XIX

Exercice	Minerai traité	Production d'or en barres		Valeur de la production
		totale	p. tonne traitée	
	tonnes	grammes	grammes	francs
1891—1892..................	36.979	348.525	9,40	1.091.950
1892—1893..................	37.229	348.602	9,40	1.088.000
1893—1894..................	37.119	403.066	10,85	1.205.500
Juillet 1894 × 12...........	47.772	499.848	10,46	1.498.800

Je crois avoir mis ainsi en évidence les améliorations successives, réalisées dans le traitement du minerai et dues aux recherches incessantes du Directeur de la mine, auquel j'adresse, en terminant, mes remerciments pour toutes les facilités que j'ai trouvées auprès de lui, afin de mener à bien cette étude sur la mine de Passagem.

TABLE DES MATIÈRES

—

CHAPITRE VII

—

THE OURO PRETO GOLD MINES OF BRAZIL LIMITED

—

§ 12. — Mine de Passagem